都市と堤防

水辺の暮らしを守る
まちづくり

難波匡甫 = 著

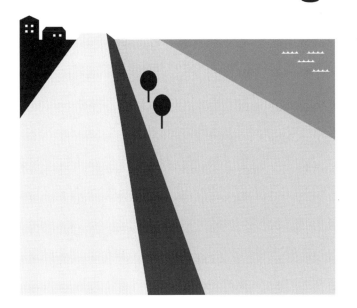

水曜社

まえがき

　法政大学エコ地域デザイン研究所（現エコ地域デザイン研究センター、以下エコ研）において、水辺再生をテーマに地域形成史の視点から東京下町低地の変遷や舟運、治水に関する研究に取り組んできた。それは、水辺の暮らしを守りつつ、水辺の特性を都市の活力に生かすまちづくりを志向しているからである。水辺の特性を都市の活力に生かすまちづくりは、個人的な想いに留まるものではなく、これからの時代に求められる都市のひとつの姿であると確信している。都市は河川や海から計り知れない恩恵を受けながら発展してきた。母なる川、母なる海ということばはこうした恩恵への深謝の表れであろう。

　しかし、近代になると東京のみならず日本の多くの都市におけるまちづくりにおいて、河川や海への敬意は薄れてしまう。特に高度経済成長における都市開発では、水辺の魅力が忘れ去られたばかりではなく、水辺は水害の元凶、臭い汚いといった負の存在として扱われるようになった。その後の水質の向上や、沿川や臨海部における都市機能の転換などにより、人々が再び水辺に関心を寄せる時代になったことを、高度経済成長期には見られなかった観光舟運の活性化やお台場海浜公園、葛西海浜公園などの人工海浜での賑わいからうかがい知ることができる。

　水辺の価値が見直されるようになり、その魅力を都市の活力に生かすべき時代を迎えているいま、水辺再生を考えるうえで、市街地と河川や海を分断している防潮堤の存在を無視することはできない。防潮堤を治水施設

としてだけではなく、暮らしや景観といった都市側からの目線で論じる必要があると考えるからである。地域形成史を専門とする立場から、専門外とされる防潮堤について述べるにはこのような事情がある。

　東京に限らず、大阪や名古屋など沖積低地に形成されている多くの都市では、時期の前後はあるものの治水対策として堤防が整備されていた。近代以降において、工場での揚水や水溶性天然ガスの採掘による地盤沈下の対策として、堤防が強化拡充されることで市街地は洪水や高潮から守られてきた。

　その堤防を否定することが本書のねらいではない。むしろ、堤防による洪水・高潮対策が最適と判断できる場合もあり、そうした事例にも本書で触れたいと考えている。堤防が不要であるといった話ではなく、堤防は治水技術のひとつであり、その場所の水害の傾向や市街地形成の状況、地域の水辺活用に関する機運など都市全体のあり方から高潮対策の適切な技術を選択することが肝要であると考える。堤防は洪水や高潮、津波の対策として多様な役割を担っている。また、外洋や湾に面している海岸、河川といったそれぞれの自然条件によっても堤防の担うべき役割は異なる。治水や水辺活用に関する地域の状況や時代の要請に応え得る、東京下町低地における適切な高潮対策の技術とは何か。この疑問に対して多少なりとも答えることが本書のねらいである。

　適切な技術を考える際、水辺の暮らしに関わる変遷が重要な視点である

ことから、本書では東京下町低地の河川における高潮対策に主眼をおくこととした。また、東京とどうように沖積低地に位置し、水害に悩まされながらも発展してきた大阪は、水辺とのかかわりにおいて歴史的にも、現在のまちづくりにおいても東京より一歩先んじている。大阪における水辺活用の背景には、東京と異なる高潮対策技術の存在があることから、東京と大阪に関するそれぞれの地域形成史にも触れ、東京下町低地における高潮対策技術のあり方をより明確に示したいと考えた。都市側からの目線で述べる本書が、東京下町低地における水辺の暮らしを守るまちづくりの一助となれば幸いである。

目次

まえがき ……………… 3
序章 ……………… 8

1 都市における水の制御 東京と大阪 ……………………………………… 15
1-1 水に翻弄されていた中世以前 ……………… 18
1-2 都市化がすすむ近世 ……………… 24
1-3 近代以降の東京と大阪 ……………… 35

2 水辺の暮らし ……………………………………………………………… 41
2-1 水辺と人のかかわり ……………… 42
2-2 河川舟運　内川廻し ……………… 54
2-3 東京の現状 ……………… 65
2-4 大阪における水辺の暮らし ……………… 68

3 高潮対策の背景と萌芽 ………………………………………………… 75
3-1 高潮対策の背景 ……………… 76
3-2 高潮対策の萌芽 ……………… 82

4 水害と高潮対策 …………………………………………………………… 105
4-1 室戸台風と応急的な高潮対策 ……………… 106
4-2 伊勢湾台風と高潮対策の恒久化 ……………… 110

5 もうひとつの高潮対策計画 …………………………121
  5-1 東京都議会の対応 ……………… 122
  5-2 もうひとつの高潮対策計画 ……………… 124

6 東京における高潮対策の耐震化 …………………………133
  6-1 河川行政における耐震化対策の経緯 ……………… 134
  6-2 海岸行政における耐震化対策の経緯 ……………… 142

7 高潮対策の技術 …………………………149
  7-1 大阪の高潮対策 ……………… 150
  7-2 水辺の暮らしを守るまちづくり ……………… 160
  7-3 次世代を牽引する水辺活用と防潮堤 ……………… 169

あとがき ……………… 174
謝辞 ……………… 181
注一覧 ……………… 184
図版出典一覧 ……………… 185
主な参考文献 ……………… 187
索引 ……………… 188

序章

　本書で触れる東京下町低地の墨田区、江東区は輪中なのだろうか。
　素朴な疑問が頭に浮かぶ。普段は気にならないが、意識するとこの地域は防潮堤で囲われていると実感させられるからである（1）。臨海部では中央区の佃や晴海、江東区の豊洲や東雲といった再開発地区のほか新たな埋立地では地盤面が高く整備されているため防潮堤を必要としないが、中央区の月島や江東区の豊洲など再開発されていない地区の多くは防潮堤（外郭防潮堤）で囲われている（2）。現在の東京下町低地では水上バスや屋形船などの観光舟運の人気が高まり、隅田川や東京港の水辺景観を楽しむ人々が増えている。隅田川や神田川、日本橋川、小名木川や北十間川などの江東内部河川の水際は植栽など景観に配慮した整備がすすめられ、また、隅田川や臨海部においては船上から比較的距離があるため、水際の堤防が気になることは少ないだろう（3）。
　しかし、堤内の市街地からは堤防の高さによる閉塞感に圧倒される場所が少なくない。何よりその場所が水際であるにも関わらず、河川や海のようすをうかがい知ることができない理不尽さを痛感する。

　中世以前、輪中ということばは山または河川等によって区画された一定の地域を示していたとの指摘がある。洪水とは直接関連しないことばであったようだ。
　安藤萬壽男氏は『輪中　－その形成と推移』（注1）の中で、水防共同体といった意味で輪中ということばが使用されたのは17世紀前半からであり、近世初頭に新田開発を背景として、水防を目的に懸廻堤（かけまわしてい）（連続堤）で地域を

囲むようになった経緯があったと記している。濃尾平野を流れる木曽三川は大水の度にその流れを変えていたが、輪中の形成により流路が限定されるようになると堆積物による河床上昇が生じ、破堤という新たな洪水形態が発生するようになった。安藤氏によると輪中とは水防共同体として懸廻堤によって囲われている景観的特性を有する濃尾平野に存在する地域であり、水害から人々の生命財産を守ると共に、生産基盤である耕地を同時に洪水から防御するところに本質があるとしている。また、輪中は水防共同体を指すことばでもあり、地域と組織の二義を有するとの考えを示している。

懸廻堤という治水施設の整備により、皮肉にも河床上昇による破堤の危険性が高まることとなった。そこで、堤内の住民は少しでも洪水からの被害を回避する

1　墨田区墨田五丁目の旧綾瀬川沿いの防潮堤

2　江東区豊洲一丁目を囲む防潮堤（外郭防潮堤）

3　船上から見た隅田川の防潮堤（厩橋付近）

ための活動に迫られた。それが水防である。非常時は洪水の浸入を防ぐため堤防等の補修など水害を最低限に抑える活動を実践し、平常時は郷倉（水防資材の倉庫）の整備や堤防の保守、水防活動費の負担といった活動を実施した。個々人が別々に行動しても水防活動の実行は難しく、共同体としてのまとまりが不可欠であったと考えるのが自然であろう。近世以降の輪中では、懸廻堤という治水施設と住民の水防活動によって、地域の安全性ひいては地域の存在そのものが支えられていたと考えることができる。

　話を東京下町低地にもどすと、地域を囲む堤防により水害から地域住民の生命財産及び生活基盤が守られている状況からは、墨田区、江東区をはじめ臨海部の埋立地は輪中であると捉えることができよう。ただし、濃尾平野における輪中は水防共同体を指すことばでもあり、輪中を水防活動と密接に関係した地域とするならば、現在の東京には輪中は存在しないともいえる。

　地域を囲む恒久的な防潮堤の整備や、住民による水防活動の低劣な現状は、東京下町低地の発展とかかわりがある。防潮堤整備は都市の発展における影の部分である地盤沈下が直接的な原因である。地盤沈下による高潮の被害対策として昭和30年代末に現在の防潮堤整備が開始され、その後内水対策としての排水施設整備により、東京下町低地における水害頻度は著しく減少した。喜ばしい状況ではあるが、東京下町低地はいまでも水害に脆弱な自然条件を有する地域に変わりはない。にもかかわらず、水害の頻度が減少したことにより住民の水害に対する意識が希薄になっている状況は、減災という観点からすると喜んでばかりはいられないだろう。

　先の東京オリンピック開催時期に隅田川や神田川、日本橋川などの東京の河川や臨海部において、現在の恒久的な防潮堤の整備が始められ、その後、防潮堤や水門等の高潮防御施設の耐震耐水対策も講じられてきた。

　平成27年度末時点で、河川区域における防潮堤や護岸の整備状況は計画延長168kmに対して約95％にあたる159.2kmが完成、隅田川や中川、旧江戸川などの主要な河川においてほぼ完成し、現在は妙見島などで整備がす

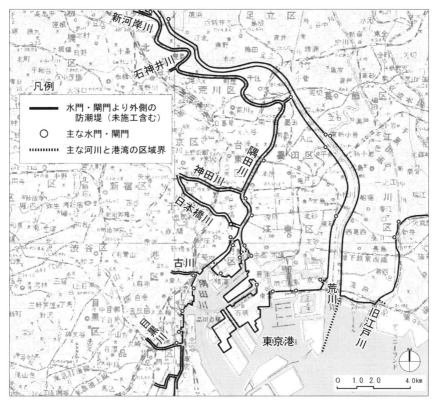

4 東京における高潮対策の概況（岩淵以北、品川以南、旧江戸川の一部を含まず防潮堤と主な水門のみを記載）

すめられている。高潮防御施設の耐震や耐水に関する対策に関しては、平成24年に策定された整備計画が示されている。また、港湾区域（海岸保全区域）では平成24年度末時点で外郭防潮堤の計画延長38.7kmに対して約97％にあたる37.0kmが、堤外地防潮堤は計画延長21.4kmに対して約67％にあたる14.8kmがそれぞれ完成している（4）。海岸保全施設整備においても、平成24年に地震、津波に伴う水害対策に関する基本方針が示されている。

　河川区域内において都市の安全性を担保する事業が河川行政の主な役割であり、河川区域外に関する事業は河川行政の責務ではない。臨海部での海岸行政においてもどうようである。ただし、高潮対策が市街地を水害か

ら守るための事業としてだけではなく、特に沿川の暮らしに深く影響を及ぼしてきたことに気を配るべき時代を迎えていると考える。

　東京下町低地は埋立てによって地域を拡大し発展を遂げてきたため、水辺と関わる暮らしが成立していたかつての沿岸は、時代とともに内陸化している。迫力ある海岸の景観がいくつもの浮世絵に描かれている芝、高輪、品川をはじめ、深川の州崎神社などが内陸化した沿岸地域として思い浮かぶ。市場移転問題で現在脚光を浴びている豊洲をはじめ晴海や東雲、竹芝・日の出・芝浦ふ頭など近代以降の臨海部は、港湾や産業の施設で専用される傾向が強かったため、水辺とかかわりのある暮らしが営まれた地域は限られていた。一方の河川では河川改修にともない水際が埋立てられもしているが、水辺との関係によって暮らしが成り立っていた地域はいまなお水際に位置している。日本橋をはじめ浅草、両国、柳橋、向島、深川などは、舟運の利便性や水辺の快適性を生かしながら発展してきた沿川地域である。そうした地域で防潮堤が整備されると、市街地と水辺との関係性に終止符が打たれ、人々に生活の糧や安らぎを与え、江戸東京の発展を支えくれた隅田川をはじめとする河川を市街地から眺めることさえできない状況に陥った。水辺の特性を都市の活力に生かすべき時代を迎えているいま、防潮堤は河川行政や海岸行政の管轄する治水施設ではあっても、都市環境に関わる存在であることを認識し、河川行政や海岸行政、都市行政といった互いの垣根を低くし、新たな時代を牽引するための水辺政策を一丸となって展開すべき時代を迎えているのではないだろうか。

　その萌芽として「東京舟運社会実験クルーズ2016」がある。羽田（天空橋）〜浅草、日本橋〜有明、天王洲〜勝どき〜日の出の３つの周遊ルートを設定し、期間限定で観光舟運を運行するプロジェクトが東京都都市整備局、建設局、港湾局が連携するかたちで実施され、旅行会社や鉄道会社、電気通信会社、広告代理店といった民間企業が東京舟運パートナーズとして参画している。このように行政の横断的な取組みに民間企業が加わる事例が、水辺活用を生かすまちづくりにも波及することを願うばかりである。

「ここで問題としようとするのは、わが国が明治以降の工業化と都市形成の中で河川を疎外した事実とそれにもとづく現在の欠陥である。(中略) いわば数百年来の都市形成を通じてその血肉となっていたといってもいい都市河川を、今後の都市形成の上でどう位置づけるか、どういう方向にもっていくかの基本方針、さらにその場合における合理的な対策・対応なくして、ただズルズルとあるいはたんに治水という観点だけから不用意にすすめられているにいたった点である。」この文章は栗原東洋氏が昭和37年刊行の『都市問題』に寄稿した「都市における河川のあり方とその機能」(注2)の一部分である。この論文において栗原氏が論じた概要は以下のとおりである。

　欧州の都市では近代工業の発展過程において、原料資源の調達と市場形成が内陸に依存する経済的要因があり、鉄道の発達をみるものの、河川は従来からの舟運を生かし、運河及び運河網の整備がすすめられた。一方、日本の工業化は原料資源や市場を海外に依存する加工貿易の形態により、重化学工業の基盤は内陸よりも臨海に向けられた。そのため、明治期以前の都市と根本的に異なるかたちで河川から遊離する都市の発展が企図された、と指摘している。

　また、明治期以降のわが国の都市形成は頻発する洪水や氾濫の危険に影響され、明治29 (1896) 年の旧河川法制定以降、幹川をできるだけ市街地から遠ざけることが治水事業の大きな眼目となったとも記していて、新淀川(現淀川)や新荒川(現荒川)などの放水路をはじめ各地で捷水路(注3)が採用されていることに触れている。都市における河川の重要性が市民や当局(河川管理者)を含め一般の世論によって軽視され、河川をせいぜい必要悪としかみない形をとりながら、治水や水防に偏重し、小河川が埋立てられる都市形成に対して無批判である点も問題がある、とも指摘している。

　こうした状況をうけ、都市形成における河川の重要性の再認識、河川埋立ての中止、河川緑化の徹底、海岸公園の確立を課題として挙げている。当時、都市人口の増大と産業の発展において、都市用水や工業用水、農業用水などの水需要が激増し、水不足が顕著になるなかで、その水源とくに淡

水源については河川水源が注目されていた。水源確保のみを目的とした河川開発が進行する状況において、水源以外の河川の用途について、まったく忘れ去られようとしているとの指摘を論文のむすびとしている。

　残念ながら東京の高潮対策において、都市形成のあり方に関し議論が重ねられた経緯は見受けられない。舟運の衰退、水質汚濁にともなう悪臭などにより、地域住民と水辺に距離が生じた時期に現在の恒久的な防潮堤整備が開始された。当時の地域住民にとって防潮堤は地域の安全を担保してくれる治水施設としてだけではなく、汚い水面を隠してくれる遮蔽物として有難い存在であったのかもしれない。刻々と地盤が沈む状況下、東京の高潮対策は迅速な対応が迫られていたため、都市形成のあり方を議論するには時間的な制約があっただろうと思われる。しかし現在、地盤沈下はすでに沈静化し、河川や海の水質が改善され、舟運観光が活況を呈するなど水辺の魅力が再認識されつつあるにもかかわらず、いまなお水際は地域を水害から守る役割しか果たせていない。それは栗原氏が指摘するように、都市形成のあるべき姿について議論することなく、水際を高潮対策としての堤防に専有させている結果といえよう。

1

都市における水の制御
東京と大阪

低地に人が住むには水害の危険が伴う。その危険を軽減させるため、時代に応じた水を制御する技術が生み出され、その技術に守られながら都市が発展してきた。東京や大阪も例外ではない。

　そもそも、水害の危険が高い低地に住むことがなぜ必要なのだろうか。軍事的な拠点であったり、水の確保が比較的容易であったり、食糧の確保に有利であったり、舟運の活用であったりと理由はさまざまである。ひとことでいえば、水辺が豊かな恵みをもたらしてくれているため、水害の危険が高くとも人は低地に住むのである。水辺は生業の場として、また遊興の場として欠かすことのできない存在であったが、河川や海は人々の生活を支えるだけではなく、時にはその生活を脅かす水害の元凶でもあった。こうした状況は東京低地をはじめとする沖積低地に位置する都市の宿命であり、現在も変わることのない悩みなのである。

　東京低地には中世以前、利根川や荒川、入間川（現隅田川）、葛西川（現中川）、太日川（現江戸川）が現在とは異なる位置にいく筋もの流れとなり、大湿地帯（沖積平野）を形成しながら江戸湊へ注いでいた。洪水時に河川が乱流する東京低地において、中世には新田の開発による整地や用水の整備が確認されている。現在では河川整備がすすみ市街地が広がる地域であるため、河川が乱流していた当時のようすを想像することは難しい。江戸期以降、東京低地における都市化は東京下町低地において顕著となり、拡大かつ高密化し続け現在に至っている。こうした都市拡大において、時代の要請に応えるかたちで水を制御する思考や技術が発達し、水害に対して都市の安全性が図られ、また必要な水資源が確保されてきた。

　一方、大阪においても現在のようすから中世以前の姿を想像することは難しい。先史時代には北側の丹波山地と南側の和泉山地に挟まれ、生駒山脈により古大阪湖と古奈良湖が仕切られていた状況があり、古大阪湖時代と呼ばれている。その後、海面の上昇と低下を繰り返し、約３千年から２千年前には、上町台地の北端から北に砂州が発達したことで、大阪湾と河内湾を結ぶ連絡口が狭くなり河内平野に潟が形成された。弥生時代後期から古墳時代前期の河内湾は、淀川や古川、寝屋川、大和川などの河川が運ぶ

土砂により徐々に陸地化し、江戸期には深野池、新開池が河内湾の名残を留めていた。仏教をはじめ大陸からのさまざまな文化や物資、人を受け入れることになるが、時代ごとに住吉津、難波津、山崎津、淀津などが大陸の玄関口として繁栄した。人や物資の主な輸送に舟運が活用されていたことから、難波津は瀬戸内海を介して国内外と平城京を結ぶ都の表玄関という地勢的な特性を有していた。長岡京、平安京の時代になると淀川舟運の重要性が増し、近世以降の物流の土台が形成された。北に伸びる上町台地やかつての河内湾（河内低地）といった地勢は、現在における水の制御とも深く関わっている。

　水を制御する思考や技術は、東京下町低地や大阪平野の地域特性を捉えるうえで重要な手がかりとなる。水害は洪水、高潮、津波といった自然現象が原因となり、それぞれ発生する仕組みが異なる。洪水は流域上流部からの大水により引き起こされ、高潮は台風といった低気圧により上昇した海面が暴風とともに陸地へ襲いかかる状態である。津波は東日本大震災で目の当たりにしたとおり、地震による地殻変動で生じた海面上昇が陸地を襲い、引き潮とともに地上のものを根こそぎ海に引きずり込んでしまう現象である。このように、低地において水害に備えることは、さまざまな自然現象に対処することを意味し、時代ごとの水の制御に対する思考や技術が変化してきた。これからの東京下町低地における今後の高潮対策のあり方を考えるうえで、まずは武蔵野台地と下総台地に挟まれた東京低地や東京下町低地の水害に関する特性を、時代ごとの水を制御する思考や技術から捉えたい。また、高潮対策について東京との比較を考えている大阪においてもどうように、水の制御に関する思考や技術に触れることとする。

　なお本書では、近世以降に大川（現隅田川）沿川に形成された下町地域を東京下町低地とし、武蔵野台地と下総台地に挟まれた低地全体を東京低地として区別した。江東デルタ地帯や江東三角地帯と呼ばれる、隅田川と荒川、海に囲まれた墨田区、江東区、一部分の江戸川区を東京下町低地は含

んだ地域となる。

　また、地名において近世以前は大坂の文字が使われ、近代以降に大阪の文字へと変更された経緯はあるが本書では大阪と統一して記した。

1-1　水に翻弄されていた中世以前

　中世の東京低地は、現在と異なる地勢を有していた。当時の海岸線は入間川（現荒川、隅田川）河口は今戸や花川戸付近から亀戸周辺であったと考えられている（1-1）。近世江戸の下町として賑わう本所、深川の地はこの時代、まだ遠浅の砂浜であり、葛西川（現中川）流域に集落が分布していた。東京低地の大湿地帯では大小河川の洪水や高潮などにより、水害が頻発していたことは想像に難しくなく、水害の危険性が高い地域ではあったと考えられる。大阪平野や輪中が形成された濃尾平野においても酷似した状況があったのではないだろうか。

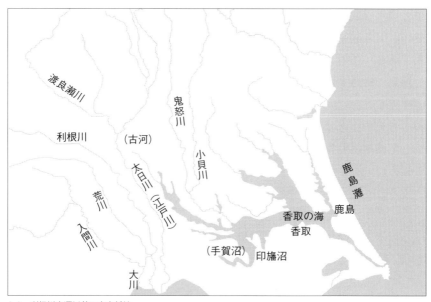

1-1　利根川東遷以前の東京低地

こうした湿地帯において、河道に沿って点在していた自然堤防や砂州などの微高地は、周囲と比べると水害の危険性が低い貴重な場所であり、鎌倉期には微高地に堤をめぐらせ、居住地や畑耕地が確保されていた。また、微高地周辺に広がる湿地は、肥沃な土地で水利も良く、水田としての利用価値があった。

　葛西庄が伊勢神宮に寄進され、葛西御厨が成立したのは鎌倉期初期と考えられている。葛西御厨の西端には堀切や隅田、寺嶋などの地名が、また、東端には金町や上篠崎、下篠崎、東一江、二江などの地名が確認されている。その範囲は、入間川（現荒川、隅田川）及び古利根川と太日川（現江戸川）に挟まれた地域であり、葛西川（現中川）が葛西御厨の中央部を流れていたことが理解できる。

　この地域の特性として、水田耕作に恵まれていることに加え、舟運の利便性を見逃すことはできない。収穫物の輸送手段として、海と内陸を結ぶ古利根川水系が活用されるようになったと考えられている。

　応仁元（1467）年に始まる都での戦乱（応仁の乱）を契機に、日本は戦国の世を迎えることとなった。東国はそれよりも一足早く、乱世の様相を呈していた。足利氏の血縁者が鎌倉公方として鎌倉府に着任し関東統治を行使するにあたり、補佐役として地元の有力武士が関東管領を勤めていた。しかし、幕府も含めた鎌倉公方、関東管領の三つ巴の関係は、地域の安定を図る仕組みとして十分に機能せず、鎌倉公方と幕府方の関東管領である山内上杉氏、扇谷上杉氏との関係が悪化し、30年にも及ぶ内乱（享徳の乱）が続いた（1-2）。鎌倉公方の足利成氏は拠点を古河に移し、北関東の豪族から支持を受けながら、古河公方として室町幕府、両上杉氏と対峙することとなる。

　こうした情勢のなか、上杉氏方の前線基地として葛西城が築城された。戦略拠点である葛西城は低地に位置しているが、葛西川右岸の標高2ｍ前後の微高地に築かれている（1-3）。現在、2ｍ程度の高さはわずかな印象を受けるが、当時、水害に対する危機管理上、周辺より少しでも高いことが重要で、葛西城はその条件を有した場所に立地していた。どうように、上杉

氏方の前線基地として太田道灌により築城された江戸城は、武蔵野台地の端部に位置し、水害の危険性は低く、見晴らしのきく立地であったといえる。

　水害に脆弱な地域であった葛西地域に城を構える戦略上の意味としては、ひとつに地域交通の掌握にあったと考えられる。それは、東京低地に「戸」のつく地名が散見できるからである。地名に用いられる戸は、津（港）が転訛したもので、江戸をはじめとした亀戸、奥戸、青戸、今戸、花川戸は港機能を有するとともに、陸上交通（街道）との結節点であり、渡し場でもあった。

　古代東海道をはじめ鎌倉街道など武蔵・相模地域と房総・常陸地域を連絡する陸上交通の要衝地であった東京低地を掌握することは、舟運と街道の要所をおさえることを意味していた。戦略上重要な施設であった葛西城周辺の微高地には、居住地である葛西新宿も形成されていた。この時代の東京低地は、葛西地域を拠点として水田耕作地として開発され、後に御厨として展開した。その後、時の権力抗争において、交通の要衝地であった

1-2　15世紀半ばの支配勢力図

この地域は、上杉氏陣営の前線基地として葛西城が築城され、それにともない居住地も形成された。この時代の居住地や城は、周辺よりわずかに高い微高地を頼りに築堤が施され、水害に備えていた。また、整備年代ははっきりしないが、利根川の中条堤は葛西地域の低湿地における水害対策に寄与していたと考えられる。

1-3 かつての微高地であった葛西城跡

　当時の水害への対応はどのような状況にあったのだろうか。美濃国因幡川（現長良川）流域では、平安期より洪水の際には住居の天井に避難したことが文献史料より確認されている。また、12世紀初めに中世荘園として確立した揖斐川流域の東大寺領太井荘（現大垣市）では、竹による水害防備林や堤防の補強による水害策が講じられていたことも確認されている。近畿とは地勢のあり方が異なる関東では、古利根川流域の埼玉県杉戸町において人為的に造成された堤防が確認されている。この築堤は鎌倉期にまで遡る可能性が高く、盤層から高さ7.2m、底部の幅30m、長さ数キロメートルに及ぶものであった。中世の東京低地においても、洪水の濁流による戦略拠点や居住地への損傷を少しでも食い止める水の制御が施されていたことだろう。それは、目的に応じ地域の知恵と工夫による堤防や水制、水害防備林であったはずである。ただ、防ぎきれない洪水により居住地が壊滅的な被害をこうむることも少なくなかったはずである。その際、人々はどのような対応をしていたのだろうか。

　当時の庶民においては、守るべき財は食料程度であろうし、葛西氏をはじめとする豪族は、水害や戦の危険性を考慮し、財産を移動させるなど非常時の保管対策を講じていたことが考えられる。また、高潮に対しての備えはどのような対策が講じられていたのだろうか。この時代において甚大

な洪水や高潮に見舞われた際、一時的に高台に避難することなく、低地に留まり続ける理由があったとは考えにくい。

一方、大阪はどのような水の制御が講じられていたのだろうか。

平城京の表玄関であった難波津は瀬戸内海と内陸部を結ぶ交通の要所であり、人と物資が集散する経済上の重要拠点として栄えた。上町台地の東側に広がる河内潟には、淀川や大和川をはじめとする大小の河川が流れ込み水面と陸地が複雑に入り組んでいた。その河内潟は舟運の利便性が高い地域である反面、水害が頻発するとともに、陸上交通の発達が困難な状況であった。

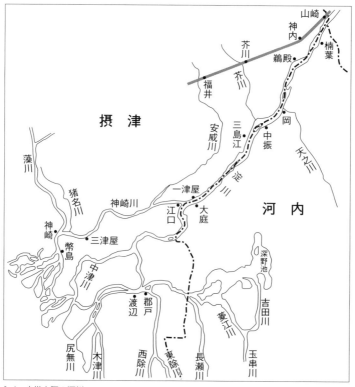

1-4　中世大阪の河川

また、瀬戸内海と上町台地東側の河内潟は、上町台地と北に広がる砂州によってさえぎられていたため舟運での往来が困難となり、物流の利便性向上のためにも大阪湾と河内潟を水路で直接結ぶことが求められていた。解決策となる水の制御として、自然地形を開削し難波堀江が整備された。上町台地東側を流れる河川のはけ口ができるとともに、大阪湾と河内潟が水路で結ばれ、治水効果や舟運活用の向上が図られ、難波堀江は大阪平野地域の経済活動に計り知れない恩恵をもたらしたと考えられている。

　難波堀江の開削により、難波津から奥地の河内潟に直接川舟で乗り入れることができるようになり、大和川を介して奈良盆地との連絡が確保されると、それまで栄えていたとされる住吉津にとってかわり、難波津が大いに繁栄するようになった。また、淀川左岸の大阪府枚方市から寝屋川市の洪水対策として茨田堤（まんだのつつみ）が築かれるほか、大和川にも渋川堤が整備されるなど、古代において水害や舟運活用、水田開発の対策としての水の制御が実施されていた。難波津の中心となる難波御津の位置は諸説あるが、高麗橋付近から後に城東区森之宮から天王寺区玉造付近にまで広がったと推定されている。

　その後、都が長岡京、平安京に移ると難波周辺の交通体系に顕著な変化が生じた。長岡京、平安京に通じる淀川舟運の利用が著しく増大するなか、難波を経由しないで三国川（現神崎川）から淀川を通る経路が活用され、淀川舟運の起点となる山崎津や淀津の重要性が急速に高まった。また、陸路においても難波を経由しない山陽道、南海道が幹線として成立したため、全国的な交通体系における難波の役割が相対的に低下したのである（1-4）。交通体系に変化が生じたものの、河内潟北側の摂津南部は淀川や巨椋池、木津川、宇治川などによって京都盆地や琵琶湖方面と連絡することができた。平安京からは一部陸路を利用するかたちで、琵琶湖や日本海に出ることができたことを考えると、平安京を中継地として瀬戸内海と日本海は物流網としてつながっていたと捉えることができる。

　室町期の京都では材木が調達できなかったため、尼崎や堺が材木集積や貯木の拠点となり、港湾都市として発展した。中世後期になると、幕府の

お膝元である京都には武士をはじめ商人や手工業者の居住も増え、都市の拡大とともに国内外からの物資の需要が増大した。瀬戸内海から運ばれた物資は淀川を遡上するために、港湾都市で川舟に積み替える必要があった。そのため尼崎、堺、西宮などの港湾都市が発達することで、京都の需要が支えられた。こうした都市の拡大や物流網の確立の背景には、さまざまなかたちでの水の制御があったものと思われる。

　東京と大阪では都市化の状況に時間的な差があり、単純に比較することはできないが、それぞれの地において時代の変化に対応した新たな治水や舟運活用の必要性が生じ、その対策として水を制御する思考や技術が求められた。時代ごとに水を制御する知恵や工夫を駆使していたと思われるが、現在でも水害が発生することを考えると、当時は水に翻弄されていた時代であったといえよう。

1-2　都市化がすすむ近世

　近世になると東京低地の重心は葛西地域から大川（現隅田川）沿川の下町である東京下町低地に移る（1-5）。河川や海は漁や舟運など生業の場であるとともに、船渡御や水ごりなどの聖なる場、料亭や船遊山などの遊興の場として、日常生活と多面的なかかわりが生じるようになった。河川や海の状況如何によって、漁の収穫が左右されたり、神事の執行に滞りが生じたり、料亭や船遊山の客足に影響がでるなど、中世の農耕社会とは異なったかたちで、下町の日常生活は水辺と直結していたと考えられる。

　全国的には戦国時代から近世中期にかけ、東日本を中心に用排水路や溜池などの灌漑施設が発達し、水田の拡張が図られた。水害によって地域の開発が阻害される場合、水害防備林や水制を巧みに工夫し、築堤を中心とした治水施設により水害対策が講じられた。そのため、近世中期までには主要な場所の大半が開発されるに至り、以降、未開発である広大な低湿地における水田開発が実施された。その際、平野部で合流する河川の分離や

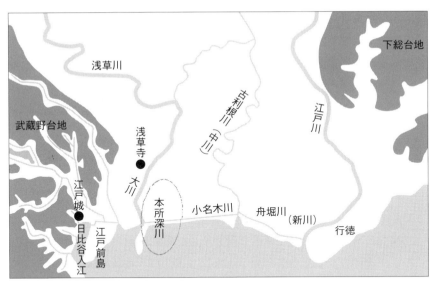

1-5　江戸初期の台地と東京低地を流れる河川

新しい河道の開削により水が制御されるようになった。

　15世紀中頃の東京下町低地の海岸線は現在より内陸に位置していて、大川以東では現在の北十間川辺りとされている。また、現在の丸の内周辺は入江で、東京駅周辺は江戸前島と呼ばれる砂州であった。

　天正18（1590）年家康の江戸入府後、幕府の下でおこなわれた普請により、航路や堤防、内濠や外濠、掘割、上水、下水といった社会基盤が整備され、江戸の町は徐々に拡大することとなる。道三堀や小名木川の整備により、舟運の利便性を図ったことは広く知られている。また、神田山を開削し、日比谷入江に流れ込んでいた平川を現在の神田川の流れへと瀬替えをした。開削の場所は御茶ノ水の渓谷にあたり、開削した土砂で日比谷入江が埋められ、現在の丸の内が造成された。東京低地の中心は、葛西地域から江戸城のお膝元である東京下町低地に移ったわけである。大阪の陣が終息して世の中が落着き、また参勤交代の制度が確立される17世紀中頃になると、旧来からの町では手狭になっていたと考えられる。

　明暦3（1657）年の大火が契機となり、大川東側にあたる本所深川の市

街地が開発された。大火による瓦礫と、掘割の開削で生じた土砂により遠浅の砂浜が整地された。このような開発がすすんだ東京下町低地ではあるが、水害に脆弱であることに変わりはなく、本所、深川を含めた大川沿いを取り込むまちの拡大は、水害対策の対象範囲が広くなったことを意味していた。

当時の水害対策は為政者による治水と庶民による水防があり、ここで治水と水防について触れたい。治水と水防については、宮村忠氏の『改訂 水害 治水と水防の知恵』(注4)に詳しく、江戸に関する部分をここに記す。

まずは、治水と水防に関して「水防、治水は、洪水という自然現象に対応し、水害という社会現象を可能な限り小さい範囲に規定しようとするものである。（206頁）」と記されている。また「水防は、地域や個人が水害に対してどのように安全でありたいか、ということから発想されるものである。これに対して、水防が河川沿岸に連続していることを前提に、どのようにしたら、全体の被害を最小にできるかを考えるのが治水といえよう。したがって、水防は地域の発想であり、治水は為政者の発想といいかえることができよう。（11頁）」とも指摘されている。自然現象である洪水に対して、治水と水防が両輪として機能することで、社会現象である水害の程度を抑える役割が担保される構図になっているとの指摘である。

江戸における治水と水防の実態については、以下のように記されている。治

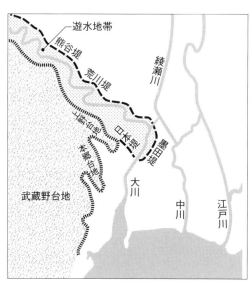

1-6 大川の洪水対策としての堤防

水に関しては「隅田川では、江戸市街地に深刻な水害を発生させないため、日本堤、墨田堤を逆八の字型に配する治水策を採ったため、一定量以上の洪水は市街地部分を襲うことはなかった。(63頁)」とある (1-6)。墨田堤の対岸には千住堤が、

1-7 花見で賑わう墨田堤（広重「東都名所　隅田川はな盛」）

その上流左岸の北側には熊谷堤も整備されていた。寛保の大水害において日本橋や神田方面での被害が生じていないのは、こうした治水対策の効果によるものと考えることができる。

　水防に関しては「洪水時の流木は、衝突によって橋を破壊したり、橋脚に引っかかると堰を造る結果になり、上流の水位を上昇させてしまう。そうした事態を回避するため、主要な水防活動は、押し寄せる流木採りだった。両国橋の流木採りは、竪川北岸に並んでいた石材屋が受け持ち、千住大橋は旅籠屋が、あるいは下肥屋や船持ち、渡世人、町内の若衆といわれた人々などが当たった。(中略) 洪水時の流木は採取者の裁量にまかせる慣行になっており、燃料用に拾い上げるほか、なかには大木を集めて家を建てたという話すらある。(63～64頁)」と記されていて、当時の水防活動が町内において役割が分担されていたことや、社会的な慣行が水防活動の動機付けになっていたことが理解できる。また「水防は地域の特性に応じ、経験則を積み重ねた中から生まれ、巧妙な知恵から地域エゴまで、さまざまな形で伝承されてきた。(中略) 水防は地域がうんだ文化である。(12頁)」との記述もある。

　江戸の土手に関わる文化もそのひとつではないだろうか。墨田堤には桜が植えられ、毎年花見の人々で土手は賑わった (1-7)。また、日本堤は山谷堀から千住方面に築かれた土手であるが、途中には明暦の大火後に新吉原が移転した。夕暮れになると、足しげく通う客で土手の往来は多かったこ

とだろう（1-8）。治水策として築かれた堤を、花見や遊興といった文化を介して、土手が踏み固められる仕組みは日常に根ざした重要な水防であったとも解釈できる。

護岸整備もままならない江戸期おいて、高潮に対しては無防備な状況であったといえる。寛政3（1791）年深川洲崎一帯に高潮が襲来し、甚大な被害が生じた。幕府はこの災害を受け、洲崎弁天社（現洲崎神社）から西一帯の東西285間、南北30余間、総坪数5,467余坪（約1万8千㎡）を買い上げ空地とし、これより海側に人が住むことを禁じた。この空地の東北端と西南端に波除碑が建てられ、それぞれの碑はまだ現存している（1-9）。

江戸における利水や治水、水防など水を制御する思考や技術は、中世以前と比べその内容が大きく変化している。それは、戦国大名や江戸期の大名は権力維持のために、領地における新田開発や可住地拡大といった経営手腕が問われるようになった時代背景が関係していたと考えられる。新田開発や可住地拡大には大規模な水の制御

1-8 吉原への通り道となっている日本堤（広重「名所江戸百景　よし原日本堤」）

1-9 深川の洲崎神社境内に残る波除碑

が必要となり、実現するための技術の向上が不可欠であったからである。経営手腕という時代の要請が水の制御に関する思考や技術を左右したと理解することができる。

　領地の経営手腕が問われたのは江戸幕府もどうようであり、大都市江戸を支えるために水の制御に関する思考や技術の進歩が求められた。幕府主導による荒川西遷、利根川東遷をはじめ墨田堤、日本堤など水の制御に関わる普請が実施され、新田開発や舟運の拡充や安定化とともに水害対策が図られた。また、江戸庶民は流木採りなどの水防活動により、水害を少しでも抑える対処を地域の文化として育んでいた。舟運や漁、遊興など大いに河川や海を活用しながらも、治水と水防が一体となった水害策が講じられる社会が生み出された。

　しかし、依然として洪水や高潮による水害の危険性から逃れられたわけではない。江戸期の東京下町低地では、社会の成熟とともに財産を有する階層が誕生し、洪水や高潮時においても居住地を守ることを前提とする都市化がすすめられたと考えられる。つまり、洪水や高潮、津波に翻弄される中世の状態を脱し、水を制御することで何とか地域の安定を図ろうとする仕組みの萌芽が、東京下町低地において生じたと理解することができる。ただし、当時の水の制御は水をねじ伏せる性格のものではなかった。水を一定程度制御しながら地域の安全を図りつつも、洪水が発生することを前提とし、人的対応により水害に対処する社会が形成された。水辺の暮らしが可能となる程度に、水をある程度制御しようとする社会が形成され、洪水や高潮による水害を前提に、治水普請と水防活動を為政者と庶民が役割を分担していたと考えることができよう。

　大都市江戸の形成には、治水以外の目的でも水の制御は欠かせなかった。それは、上水の確保や下水排水のためである。ここでは、上水について触れることとする。

　江戸城をはじめとした武蔵野台地端部に形成された武家地においては、湧水によりある程度の水が確保できた場所もあっただろう。また、日本橋や神田、本所、深川など低地に形成された下町では井戸や河川の水は確保で

きたが、塩分を含み飲料水には適さなかった。そのため幕府が江戸を拠点とするには、上水の確保が不可欠であった。そこで、江戸初期に上水道として神田上水が整備された。

　神田川に関口大洗堰 (1-10) が設けられ、そこから取水され水戸藩の江戸上屋敷（現小石川後楽園）に導水された後、御茶ノ水の懸樋により神田川を横断し (1-11)、神田や日本橋方面の武家地や町人地に給水されていた。上水を得るために大規模な水の制御が伴っていたことが分かる。この神田上水を維持するために幾度も改修がなされ、延宝5 (1677) 年から3年間松尾芭蕉はその普請に携わったとされている。後に、芭蕉を慕う人々により大洗堰のある関口に龍隠庵という家が建てられ、現在の史跡芭蕉庵 (1-12) として受け継がれている。

1-10　神田川の関口大洗堰（「江戸名所図会　目白大洗堰」）

1-11　御茶ノ水の懸樋（広重「東都名所　御茶之水之図」）

　その芭蕉庵の西隣の神社に、大洗堰の守護神として水神が祀られている (1-13)。境内にある文京区教育委員会の案内板には、上水の恩恵に与っていた神田、日本橋方面からの参詣が多かったと記されている。当時、椿の名所であり富士山を見晴らす絶好の場所でもあったことから、行楽がてら水神さまに参詣した人も少なくなかっただろう。注目したいのは、神田川や大洗堰のことが、恩恵に与っていた人々に広く知られ、その守護神に多くの人が参拝していたことである。現在、

水道水がどの水源から確保されているかを知っている人でも、水が提供されることに感謝しながら生活しているだろうか。東京と比べ江戸のまちの規模は小さく、世の中も現在ほど複雑でなかったことも影響しているだろうが、江戸庶民の日常生活と水の距離感は今より近かったことが伺える。

1-12 史跡芭蕉庵正面入口

　江戸の拡大により、神田上水だけでは必要とする飲料水が確保できず、多摩川の羽村から取水し四谷大木戸まで導水された江戸最大の上水道である玉川上水が整備された。その後、亀有、青山、三田、千川の上水が開設されたが、上水があることで火災への用心が怠るとの理由によりいずれも廃止されたようだ。都市の規模を規定する要因はいくつもあるが、そのひとつが飲料水の確保であり、飲料水

1-13 南斜面を背にしている水神社

が確保できる範囲までしか江戸を拡大することは適わなかった。すなわち、江戸の規模は飲料水に関する水の制御によって規定されていた一面があり、これは古今東西変わらぬ原則といえよう。

　一方、大阪は戦国期から近世にかけて大きな変貌をとげている。京都山科にて再興された浄土真宗の本山が、蓮如の晩年居所であった摂津石山坊

舎（石山本願寺）に移ったことで、やがて巨大な寺内町が形成された。寺内町の拡大とともに勢力を強化させた本願寺は、天下統一を目指す織田信長と対立するに至った。石山合戦講和を契機に浄土真宗の本山が大阪の地を去った後、かつての石山本願寺のあった上町台地の北端部に大坂城が築城された。

　豊臣秀吉は築城にあわせ大阪平野の町と農村を結ぶ道路や水路の整備により、全国的な政治経済の中心地に相応しい地域秩序の形成を図るにあたり、大河川の治水対策を実施することとなる。この時期より以前、伏見城の築城の年に巨椋池に流入していた宇治川を伏見城下の南側に導き、太閤堤と呼ばれる宇治川、桂川、木津川の堤防を築いていた経験をもつ秀吉は、伏見から大阪に至る淀川両岸堤防の修築を行った。後に文禄堤（1-14）、慶長堤と呼ばれるようになった堤防である。

　この連続した堤防により、上流から河口までの淀川は固定され、大阪城下の治水と利水にとって大きな効果があった。特に、淀川と直接結ばれていたかつての河内湾の名残である深野池、新開池などの遊水地が、淀川と切り離されたことで土地が安定し、河内平野北部の農村が発展する環境が整えられた。

　城下町の整備としては、難波京が造営された時代以降、上町台地の西側には淀川や大和川などの河川による広大な三角州が形成されており、城下町はその三角州を取り込むかたちで計画され、堀割などが普請された。城の最も外側の防御施設は、大和川と合流する北側の淀川をはじめ、西側の東横堀川、東側の猫間川、平野川であり、東横堀川以東に古い船場が形成された（1-15）。

　大坂夏の陣以後、戦禍を逃れ離散していた町人を呼び戻

1-14　道路が貫通しているかつての文禄堤

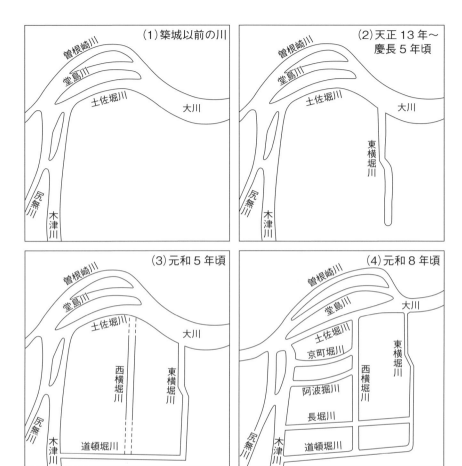

1-15 堀川開削の変遷

すとともに、幕府が近畿の拠点を大坂城としたことにより存在価値が失われた伏見城周辺の町人が大阪へ集団移住をするなど、大坂城下は急速に活気を取り戻したようだ。西横堀川、道頓堀川などが開削され大坂三郷と称される北組、南組、天満組が中心地として発展することとなる。その後も長堀川、阿波堀川、京町川、江戸堀川などの西横堀川と木津川との間の西船場における島普請がすすみ、城下町は拡大を続けた。

数多くの堀川は物資輸送路として淀川、大和川と瀬戸内海を結ぶ重要な

役割を果たした。諸藩からの年貢米は天下の台所に集散する物資として最も重要であった。17世紀前半には、販売目的で大阪に年貢米を運び藩の財政を支えようとする動きが生じた。中之島やその周辺に諸藩の蔵屋敷は集中していたため、自然発生的に米市が興るようになり、淀屋米市（北浜米市）がその代表的な存在であり、その後、堂島米会所が成立した。米相場としての賑わいに加え、天満の青物市場や雑喉場生魚市場、日本最大の干鰯市場となる靭海産物市場の設置が大阪の活気を支えた。

　城下町の発展にとって淀川堤防の修築は不可欠なものであったが、本川と支川の河床上昇をもたらす結果となり、水害や灌漑、舟運において問題が生じるようになった。淀川や大和川流域では再三洪水が発生し、甚大な被害が生じていた。川筋における普請や浚渫、山の砂防とさまざまな水の制御に関する対策が実施されるなか、川筋の新田開発、山中の焼畑が禁止され、砂防のための植林が命じられるに至った。九条島により堂島川と土佐堀川の排水が疎外されている状況をうけ、河村瑞賢は九条島を掘割り、新川（現安治川）を通すことで河水の排水改善を図った。新川開削は排水改善だけではなく、舟運の利便性を向上させる効果が大きく、その後の西横堀川から木津川にそそぐ新たな堀川の開削により、市中の舟運による物流網が充実した。

　大阪の経済的な繁栄に寄与する河村瑞賢の業績としては、川口の新田開発もあった。川口における著しい土砂の堆積状況を逆手に、沖に次々と開発される新田は地代という臨時収入を幕府にもたらした。

　また、河床に土砂が堆積し天井川となり、大雨の度に洪水が発生していた大和川は、大阪の治水において鬼門となっていた。大和川の付替えは、江戸初期より構想されていたが長らく実現されずにいた。18世紀に入り、大和川が堺方面に付替えられたことで、河内平野中央部の低湿地を水害から守り、全国随一の綿作地帯の形成が図られた。この付替えは淀川の下流部である大阪を第一に考えた工事であり、新大和川南側の地域は付替え以降浸水に悩まされたばかりではなく、中世まで港湾都市として繁栄していた堺は土砂の堆積の影響により港湾機能を失うこととなった。

江戸期前半には、治水に関わる大規模な水の制御が実施され、その後は維持管理が主要な治水対策となった。天保2 (1831) 年の安治川浚渫による土砂でできた標高10mほどの小山が象徴的である。その小山は入港する船の目標物となることから目印山といったが、いつしか天保山と呼ばれるようになったそうだ。

　農村部の利水整備では公儀普請は避けられ、領主が負担する入用普請もしくは農民が負担する自普請が原則とされた。そのため、洪水と内水に悩まされていた北中島郷（現大阪市東淀川区、淀川区、旭区）では、悪水の排水を円滑にするため中島大水道が開削された。開削に際しては公儀からの負担は無く、領主や農民が入用銀と地代米を負担した。当時の治水事業は現在とは異なり、住民の切なる願いだけでは実現せず、相応の負担が強いられた。筑後川を舞台としたどうような話が帚木蓬生氏の小説『水神』[注5]に描かれており、小説には久留米藩領内の堰堤づくりの際に庄屋へ重い負担が課されただけではなく、命がけの事業であったことが記されている。

1-3　近代以降の東京と大阪

　近代以降、水を制御する思想にも西洋化が浸透したことが、河川整備の変遷から理解することができる。江戸期には自然河川の氾濫を許容する遊水池を前提とし、舟運等の利水を主目的に渇水期の水位や流量を安定させるために流路を整備するともに、中小洪水を対象とする低水工事が実施されていた。明治期に入ると、財源となる地租の拡充が求められ、従来からの遊水池を農地などに活用する動向が強まっていた。また、国内の河川舟運は船舶の大型化に不向きであり、経済活動の活発化にともなう物資輸送量の増大には鉄道輸送が適切とされる状況にあった。

　こうした社会背景のなか、明治18年の淀川大水害が契機となり開始された「淀川改修期成運動」と呼応するかたちで、明治29年に旧河川法が制定された。その後の旧砂防法、旧森林法の制定により水三法が確立されることとなった。旧河川法の制定以降、堤防を築き雨水を早く海に流し氾濫を

防止する目的で、大河川における高水工事実施のための認定河川に関する活動が全国で展開されることとなった。堤防によって河道のみで雨水を処理し、意図する目的地まで流すことで沿川地域の安全を担保する考え方は、自然の脅威は人為的に抑え込むことができるとの発想にもとづいている。そうした治水施設によって洪水や高潮を抑え込む治水思想は、昭和30年後半から昭和40年代になって技術的な裏付けのもと確立されていったようだ。

　明治18年に淀川大水害が起きた大阪では、明治9年から明治21年にかけて施工された淀川修築工事（低水工事）では、天満橋から下流は大阪築港工事に付随するとして計画区域外とされ、明治20年以降は守口と天満橋区間も計画区域外とされた。明治29年から淀川改良工事（高水防御工事）が、明治30年には大阪築港工事がそれぞれ開始された。淀川改良工事は第五土木監督署長の沖野忠雄氏指揮監督の下に実施された。

　『淀川改良工事』[注6]には、工事を上流、中流、下流の三工区に分け、上流では瀬田川の浚渫と瀬田川洗堰による琵琶湖の水位と瀬田川の流量調整が図られたと記されている。中流における宇治川の付替えによる木津川との合流や堤防による大池（巨椋池）と宇治川の分離などについて、また、下流における神崎川を締め切り樋門の設置による水量調節や、毛馬付近で旧淀川を締め切り洗堰と閘門を設置、毛馬から下流に一部舊川（中津川）を利用した直線状の放水路（現淀川）の開削について記されている。

　この工事により、下流域では神崎川が淀川高水の影響を受けなくなり、毛馬の洗堰で流入する水量が調整され洪水から大阪市内が守られるとともに、安治川や大阪港への土砂の流入が減少し、寝屋川の排水も改善された。反面、旧淀川流域の工場では水位低下による支障が生じるようになり、その対策が求められた。また、改良工事を終えた淀川であったが、大正6年には右岸堤防が決壊したことで、大正8年から昭和6年まで補強工事が実施された。淀川改良工事と並行して開始された大阪築港工事においては、明治36年に大桟橋が整備された。それまで輸出入取扱高において神戸港に溝を空けられていた大阪港において、大型船舶の寄港が可能となり神戸港と肩を並べるまでに輸出入取扱高が伸び、やがて中国貿易に重点を置くこと

で更なる発展を遂げた。

　東京においては明治29年、明治43年、昭和22年に大洪水が、大正６年、昭和24年、昭和33年には高潮が発生し甚大な被害が生じた。特に明治43年に発生した東京大洪水により首都東京が浸水し都市機能が麻痺する事態は、新政府にとって由々しき事態であった。こうした状況をうけ、翌年から建設が開始された荒川放水路は昭和５年に完成した。平成23年は荒川放水路建設から100年目の節目となり、荒川下流河川事務所主催によるシンポジウムが北千住で開催された。このシンポジウムでは放水路建設のほかに、建設により立ち退きを強いられた方々にも目が向けられていたことに感心した。時代を問わず治水や利水といった水の制御に関する大規模な工事では、従来からの生活に影響を及ぼされる方々がいて、そうした方々の貢献によって都市の安全や発展が望めることを再認識させられたからである。

　全国の洪水に関しては、昭和47年に寝屋川の支流である谷田川において大東水害訴訟が、昭和49年には台風10号により多摩川で発生した水害に対する住民訴訟がそれぞれ起こされた。多摩川の水害はドラマ「岸辺のアルバム」の題材ともなり広く知られているだろう。また、昭和50年には石狩川で、翌年には長良川と相次いで一級河川の破堤による水害が発生した。都市河川ではピーク流量の増大による水害が激化し、各地で発生する水害に対しての訴訟が頻発した。長良川の水害に対して起こされた訴訟以降、司法の場では河川管理者の責任は限定的との考え方が示される傾向があるようだ。
　近代になり河道のみを計画対象とした治水対策が講じられたが、この時期に至ってそうした近代的な治水対策の限界が顕在化したと考えられている。治水に関する水の制御では、思わぬところに意外な影響が及んだり、人知を超えた自然の猛威により制御を超えた水害が発生する。近代以降、河川に関わる水の制御において考慮すべき範囲が都市の拡大ともに広がり、河川に関する諸事情が複雑化したことも河川行政の難しさにつながっている

と考えられる。

　旧河川法制定以前は低水工事にのみ国庫補助が受けられていたが、旧河川法制定後はそれまで府県負担とされていた高水工事にも国庫補助が受けられるようになったことで、全国の大河川における管理を国が主導する仕組みが整えられた。こうした状況を背景に、明治40（1907）年に建設された相模川上流の桂川における駒橋発電所をはじめ、河川は発電確保の場として脚光を浴びることとなる。近代の河川は都市用水や農工業用水の確保のほか、水力発電利用が望まれながらも、洪水対策が強いられるようになったわけである。

　大正末期に物部長穂によりダムによる洪水調整の発想が提唱され、その後アメリカのテネシー川総合開発機構（TVA）に影響されるかたちで総合開発の機運が高まった。昭和12年に開始された河水統制事業は小規模のものが多かったが、ひとつのダムにより洪水調節と発電、都市用水、農業用水の確保を目的とし、戦後の大規模なプロジェクトとして展開される多目的ダム、河川総合開発の基礎となる水の制御に関する考え方が盛り込まれた事業であった。

　水防に関しての動向としては、昭和24に施行された水防法の規定により、水防を担う防災組織として水防団が設置された。大阪では現在でも淀川左岸、淀川右岸、大和川右岸にそれぞれ水防事務組合が存在する。一方、現在の東京では地盤沈下の激しかった江東区、江戸川、墨田区においても水防団はなく、形式上は消防団が兼務するかたちをとっているようだ。ただし、熱心な防災活動を行っている江戸川区の消防団においてさえも、消火することが任務の一義であり、水防への関心は低いことがヒアリングを通して感じられた。近代以降の水の制御に関する思考を明確に記すことは難しいが、水防に関する防災組織の有無も地域の水辺に対する意識の表れであると考えられる。こうした状況のなかですすめられた東京や大阪の高潮対策については後ほど触れることとする。

　港湾政策についても触れておきたい。明治初期、国内の港湾、道路、河

川などの修築の方針は、明治6（1873）年に当時内政行政を担当していた大蔵省から「河港道路修築規則」により通達され、港湾に関しては明確な港格が示された。開港場であった横浜や神戸、長崎、新潟、函館は1等港として国費負担を6割の直轄工事とされた。財政的な理由からこの方針による工事は実施されなかったが、明治初期の政府による各港の位置づけは明らかにされた。

　横浜港は当初大型船が着岸できる岸壁がなく、江戸期以来の沖取荷役しかできなかった。明治22（1889）年に鉄桟橋を含む第1期築港工事が開始され、明治末には第2期築港工事による新港突堤が完成し、近代港湾として発展した。1等港である横浜港がこのような状況であり、東京港の築港計画が進捗することはなかったが、関東大震災の復旧において港湾施設が重要な役割を果たしたことから、東京港の築港工事が開始された。大正14（1925）年に日の出桟橋が完成後、昭和7年には芝浦岸壁が、同9年には竹芝桟橋がそれぞれ完成し、3,000トン～6,000トン級の船舶が接岸できるようになり、国際貿易港としての体裁が整えられた。

　一方の大阪港は安治川河口港として開港されたが、流下土砂により河床が上昇し大型船の入港するだけの水深を確保することが難しい状態にあった。神戸港においてメリケン波止場が明治8（1875）年に、西洋船の着岸が可能な鉄製桟橋が明治17（1884）年にそれぞれ完成し、大正期には第1～4埠頭が竣工するなど1等港として神戸港は着実な発展を遂げていた。そのため、大阪港はなかなか発展する機会を得ることがなかった。明治30（1897）年、大阪市は国からの補助金を得て市単独で築港工事を開始し、明治37（1903）年には大桟橋を完成させたものの、需要が思うように伸びず財政的な事情から第1期築港工事が完了するのは昭和4年となった。築港工事の指揮は、内務省直轄で実施された淀川改良工事を指揮した沖野忠雄氏であり、彼は横浜港の第2期築港工事の設計に従事した古市公威氏とは留学先のフランスのエコール・セントラルで同級生であった。大阪の築港工事は河川改修工事と密接にかかわりながらすすめられた。戦後の修築工事については後ほど触れることとする。

2

水辺の暮らし

ここでは、江戸東京における水辺の暮らしについて触れたい。東京下町低地の水辺と暮らしのかかわりを知ることで、人々は河川や海を水害の元凶として嫌っていたのでなく、水辺を活用して生計を立て豊かさを享受していたことが明らかになる。本書は東京下町低地における高潮対策に関して考察するものであるが、暮らしと関わる水辺を理解することは、都市の視点から高潮対策を考えるうえで重要であると考える。大川や隅田川、江戸湊や東京港の水辺においてどんな暮らしが営まれていたのだろうか。

2-1　水辺と人のかかわり

□江戸東京の多彩な水辺空間

　昭和63年バブル経済が華やか時期で、東京臨海部の水辺はウォーターフロントの名のもとに、場所の歴史や文化といった地域性とは無関係に大規模な開発で埋め尽くされようとしていた。こうした状況の中、水辺と人のかかわりを理解することが、水辺空間活用のひとつの方向であるとの認識から地域性を継承する空間の変遷を調査した。その成果をもとに、江戸東京の水辺が果たした役割を記すこととする。

　その前に河川と海の名称について触れておく。東京下町低地を流れる現在の隅田川は、江戸期には浅草川と呼ばれ、千住大橋あたりでは千住川、浅草を境にして上流を宮戸川、下流を大川と場所によって呼び名が異なっていた。本書では江戸期までの隅田川を大川と記し、江戸期までの東京港を江戸湊と記した。

　江戸期には、幕府の施設である蔵前の米蔵をはじめ大名の下屋敷、蔵屋敷、商人の蔵、荷の積み下ろしをする河岸が水際に立地していた。日本橋の魚河岸に象徴されるように、蔵や河岸は業種別の問屋によって管理され、そこで扱う荷物や行き先は限定されていた。舟運が主要な輸送手段であったため、謀反を警戒する意味からも江戸に住まわされていた諸大名の妻の脱出や江戸への武器の搬入に留意する必要が生じ、関所とどうように入鉄

砲出女に関して厳重な改めが船番所において実施された。江戸川方面の玄関口にあたる小名木川の西端、大川（隅田川）と合流点に架かる万年橋北側の橋詰に深川船番所が設けられた。市街地の拡大にともない、寛文元（1661）年小名木川の東側、中川（旧中川）との合流点に移され、中川船番所として明治2年に廃止されるまでの約200年間、番所としての役割を果たした（2-1）。中川船番所があった場所近くには現在、江東区中川船番所資料館が建っていて、施設内には中川番所が復元されている他に、中川船番所が建っていた場所を眺め

2-1　中川船番所（「江戸名所図会　中川口」）

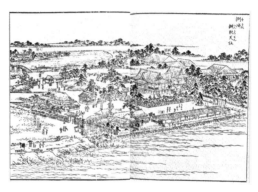

2-2　海に囲まれている洲崎神社（「江戸名所図会　洲崎弁才天社」）

ることのできるコーナーも設けられている。また、現在の新扇橋北詰付近には船稼ぎの統制を目的に、猿江船番所が元禄期から享保期（1688〜1736）頃に置かれ、年貢や役銀の徴収、川船年貢手形や極印の検査を行っていた。貞享4（1687）年には、利根川から江戸川が分岐する関宿に設けられた船番所と中川船番所で、内川廻しなどの廻漕を検査する制度が整備された。

　水際は舟運に関連した物流施設だけで埋め尽くされていたわけではない。水際には向島の三囲神社や深川の洲崎神社（2-2）、芝浦の鹿島神社、品川の利田神社などの神社も立地していた。海のダイナミックな眺望を巧みに取り入れることのできる水際は、神を祀る象徴的な場所であるとともに、参

拝者を惹きつける魅力も兼ね備えていたのだろう。亀戸の香取神社や亀戸天神社 (2-3)、深川の深川神明宮、富岡八幡宮 (2-4) も河川や堀割沿いに立地していて、神社にとって水辺は舟運という交通手段を確保するためにも有用な存在であったことが理解できる。

水辺における精神性を示すものとしては、神社の立地だけではなかった。両国橋東詰の下流では、「さんげさんげ六根罪障云々」と唱えながら大山詣の水垢離(注7)をとる人がいたと平賀源内の談義本『根南志具佐』(注8)に記されている。明治初期の地形図には両国橋東詰の下流に砂州が描かれていて、その砂州が水垢離の場所であったようだ。かつて水際に点在していた漁師町のひとつ、佃島の住吉神社 (2-5) では防潮堤が整備される以前は神輿の海中渡御(かいしゅうとぎょ)が行われていた。現在でも神輿の船渡御があり (2-6)、そのようすはＮＨＫ連続テレビ小説「瞳」(注9)にも登場した。他にも品川荏原神社や浅草神社のように水辺とかかわりの深い神社では、海や河川を舞台とした祭事が、時代に合ったかたちで執り行われている (2-7)。

水辺と江戸庶民とのかかわりにおいて、盛り場の存在を見逃すことはできない。

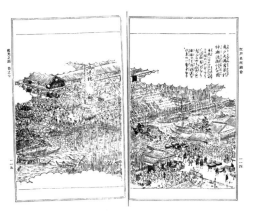

2-3　祭礼で境内が賑わう亀戸天神社（「江戸名所図会　亀戸天満宮祭礼神輿渡御行列之図」）

2-4　富岡八幡宮の境内奥に海が見渡せる（広重「江都名所　深川富岡八幡」）

2-5 佃島住吉神社祭礼の幟（広重「名所江戸百景 佃島住吉の祭」）

2-6 祭礼には欠かせない住吉神社の幟

2-7 お台場海浜公園での品川荏原神社の船渡御

大川沿いの火除地であった両国橋広小路は、橋を渡る者、船着場を利用する者などが行き交う交通の要所であった。そこに見世物小屋や髪結床、水茶屋、すしやうなぎ、てんぷらの屋台がところ狭しと軒をならべ、江戸最大の盛り場が形成され、店をひやかす人々、物売りや大道芸人で賑わった。両国にある江戸東京博物館で展示されている模型「両国橋西詰」(2-8)では、その賑わいが再現されている。

　その両国を舞台として、庶民文化が花開いた文化文政期（1804〜30）に盛隆を極めた大花火は、享保の飢饉とコレラによる死者の霊を慰めるために始められたとされている。花火や祭りをはじめとした行事の多くは娯楽的要素が強いものの、河川や海に対する畏敬の念といった精神性を伴っていたと理解することができる。

　「玉屋」「鍵屋」の掛け声で知られる両国の花火は、柳橋などの花柳界が支えた川文化であり、昭和30年代まで風物詩として継承された。狂歌「橋の上、玉屋玉屋の声ばかり。なぜに鍵やといわぬ情（錠）なし。」と詠われているように、江戸っ子の掛声はなぜか玉屋が多かったようだ。落語「たがや」は、そうした世相が題材となっている。先に紹介した小説『根南志具佐』において、隅田川では玉屋や鍵屋の仕掛花火が盛んに打ち上げられて、大群衆が橋の上までなだれを打ってどよめき、茶船、鱛船（ひらたぶね）、猪牙船（ちょきぶね）、屋根船、屋形船がひしめき合うようすや、その間を煮売や酒を売る船が往来し、琴、三味線、拳、囃子、声色、めりやす（長唄の一種）が奏でられているようすが描写されている。多くの浮世絵の題材にもなっている両国の大花火の人気は大変なもので、その人気は現在の隅田川花火大会に引き継がれている。

　両国大花火の立役者であった柳橋は、深川と吉原を往来する舟の経由地であった。天保13（1842）年の水野忠邦による天保の改革の際に、深川から辰巳芸者が流れ込むことで花柳界として活況を呈するようになった。柳橋は花火などの川文化を支え、また、川文化に支えられて繁盛した花柳界であった。かつて、三味線や長唄などの芸事はもちろんのこと、昭和30年には町会料理組合、芸妓組合、商店主によって結成された柳睦会が、季刊

「東京柳橋新聞」の発行により街の情報を発信するなど、文化的な活動が盛んな町でもあった。昭和30年代後半の両国花火大会において料亭から川床が張り出され、隅田川に所狭しと舟が浮かぶようすは、花火大会の熱気とともに東京オリンピック開催前の高揚ぶりが感じられる光景である（2-9）。

2-8　両国橋と西詰広小路の模型

この時期は河川の水質の悪化や、現在の防潮堤の建設が開始され、川文化に陰りが生じる時代となった。昭和37年に両国花火大会は中止され、隅田川における他の川文化もこの時期に姿を消した。両国広小路での賑わいを楽しみ、大花火を

2-9　両国花火大会当日の柳橋

堪能していた江戸庶民は、未来の大川が廃水やゴミによって醜悪な姿に変わり果てようとは、よもや考えてもいなかっただろう。江戸の水辺には柳橋の他にも深川、品川などの花街があり、料亭や旅籠から海や川を愛でながらの宴や船遊山（2-10）、潮干狩り、月見といった楽しみに興じることができた。現在では風物詩として川床を目にすることはできないが、屋形船に乗り築地の防潮堤から覗く料亭「治作」の屋根を眺めていると、賑わっていた江戸の水辺風景を想い描くことができる（2-11）。

水辺は公共交通としても活用されていた。江戸期以前の大川にも渡しが

2-10　品川宿と江戸湊（古山師政「汐干の図」延享年間頃）

2-11　船上から見た料亭「治作」の佇まい

2-12　大正期の枕橋の渡し

あったが、江戸市中には両国橋をはじめ新大橋、永代橋、吾妻橋だけであったため、江戸庶民にとって大川両岸を往来するには十分ではなかったことから、橋場の渡し（2-12）や安宅の渡しなど多くの渡しがあった。明治初期の最盛期には主な渡しだけで20以上あったほど、渡しは公共交通として活用されていた。また、船宿や料亭などでは屋形船や猪牙船が私的な交通手段として利用されていた。元禄2（1689）年松尾芭蕉が奥の細道へ旅立つ際、小名木川の南を流れる仙台堀川沿いの採茶庵（さいとあん）から千住まで猪牙船に乗ったといわれている。

□猟師町

　近世当初、摂津国の佃の漁師が佃島猟師町に移住したことは広く知られているだろう。佃からの漁師たちは当初、江戸の土着漁師に排斥されていたが、白魚

漁の漁業特権を得て佃島に定住するとともに、日本橋魚市場にて魚問屋を開業したようだ（2-13）。漁場は大川の千住から下流域や、品川や佃沖、上総方面に及び、御用猟場であった中川も後に佃漁師に解放されるなど、佃島漁師の白魚漁（2-14）に対する幕府の保護は手厚いものであったそうだ。

2-13　日本橋魚河岸（「江戸名所図会　日本橋魚市」）

　江戸の人口増加による海産物の需要増加は著しく、江戸湾沿岸域の内湾漁業は大いに発展することとなった。慶長8（1603）年に漁をする村において、漁業を生業とする村は立浦と称され、それ以外の村は磯付き村として網漁は許されない序列構成が江戸湊に成立した。江戸に近く慣例として

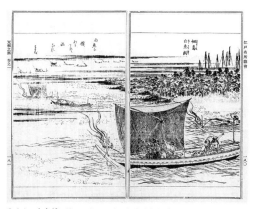

2-14　白魚漁（「江戸名所図会　佃島白魚網」）

江戸城に御菜を上納していた御菜浦は、佃島、深川、船橋に加え御菜八ヶ浦で構成され、金杉、本芝には御菜八ヶ浦の元締めとしての地位が与えられた。御菜浦の漁師は猟師と称され、他の漁師町と明確な区別がなされるほど格が高いとされていた。深川や芝浦などの猟師町は摂津国の佃とは異なる場所から移住した漁師によって営まれていたことから、江戸の漁業は各地の漁師や技術によって発展の基礎が築かれたといえる。

　御菜浦のひとつ品川は宿場町として広く知られているが、猟師町として

2-15 品川猟師町の鎮守である寄木神社（「江戸名所図会　寄木明神社」）

も繁栄した。元は南品川に猟師町の集落があったが、明暦元（1655）年に目黒川河口の兜島とよばれていた目黒川河口の砂州に鎮守の寄木神社（2-15）とともに猟師町は移転した。その砂洲の先端部には利田（かがた）神社がある。品川猟師町の地籍図（2-16）を見ると、町の通りに面して短冊状の敷地が並んでいることが分かり、漁師町独特な高密な集落を形成していたことが読み取れる。漁だけでは生計が難しい立浦や磯付き村において、農閑期の副業として収穫が冬期である海苔養殖が始められ、享保年間（1716～36）には産業として成立したと考えられている。そのはじまりは、漁師町の序列構成のなかで礒付き村として網漁が許可されていなかった大森であった。網漁による恩恵を享受することができず、生活の活路を見出すことの難しい大森の人々は、海苔養殖という新たな技術開発に望みを託し、新技術を手中に収めるため真剣に取り組んだものと推察できる。その努力が実り、18世紀半ばの海苔漁場の広さをみると大森が飛びぬけていて、その傾向は明治になっても変わることがなかった。江戸湊で養殖されていた「浅草海苔」の名の由来は諸説あり、大森周辺で収穫した海苔を浅草で製品化もしくは販売したためとする説がある。

　副業として始まった海苔養殖であるが、漁業とどうように厳しい許可制度で統制されていた。漁業制度において御菜浦として特権を有していた羽田は、大森と比較して経済的に優位を保っていたが、海苔の養殖では出遅れた。羽田が海苔養殖の許可を幕府に願い出た際には、先行して海苔生産を行っていた大森をはじめとする村が異議を唱え、結局羽田は明治に至る

まで海苔養殖を行うことはなかった。漁師町間の競争意識がうかがえるできごとである。

　都市構造において、漁を生業とする町と大森のように海苔養殖を生業とする町とでは特徴に違いがあることが興味深い。漁を生業とする町の多くは品川猟師町の地籍で確認したように、路地の両側に短冊状の敷地が並ぶ都市構造が一般的である。水揚げされた魚は市に運ばれ、網のほころびの修繕作業などは浜辺や岸辺で行われるため、広い家は必要とされず間口の狭い敷地が路地に接して数多く並

2-16　旧品川猟師町と旧北品川宿の地籍図（地籍図に名称等を加筆）

ぶことで漁師町特有の高密な住空間がつくり出されていた。

　一方、海苔養殖を生業とする町においては短冊状の敷地からなる都市構造は見られない。海苔の生産作業は、べか船と呼ばれる小舟で海苔を採取し（2-17）、その海苔を洗い桶に入れ真水で洗う。洗った海苔を細かくきざみ、すき桶に移しかえた海苔を簾枠に均等に流し敷く。そして、簾に敷かれた海苔を干し台で干す作業を必要とする。これらの作業の多くが漁師の家で行われるため、作業場や干し場となる一定以上の広さが必要となる。今でも大森を歩くとかつての品川猟師町であった南品川の路地とは異なる雰囲気が味わえる。

　その大森は着々と海苔養殖での地位を築くとともに、江戸後期になると

2-17　大森沖の海苔採り（小林清親「大森朝乃海」）

大森で培われた海苔養殖の技術が太平洋沿岸に伝播し、全国に新たな海苔生産地が誕生した。その伝播には、信州諏訪の海苔商人や廻船業者といった海苔産業に携わっていた人々の存在があった。江戸の頃から綿々と続き、海面にヒビ（海苔養殖場）が模様となって広がる風景は、近代の埋立てにともない漁業権が放棄される昭和38年まで目にすることができた。皮肉にも、遠浅な海苔養殖場は埋立地の適地であり、現在の埋立地の多くは海苔養殖場であった場所と重なるのである。大森が先駆者となった海苔養殖の成功は、文化文政期に誕生した握りずしとも無関係とはいえない。気軽に食すことのできる握りずしの手軽さと味は、江戸庶民の気質と舌に合っていたようで、市中に広まり江戸の食文化となった。人気を博した握りずしの食材に海苔が選ばれたことも海苔養殖発展の後押しとなり、需要の高まりとともに一大産業として成長を遂げた。

□握りずし

　話は多少それるが、平賀源内によるエレキテル（静電気発生装置）での実験は、現在の清澄橋東詰、隅田川と仙台堀川の合流点付近で行われ、その場所には案内板が設置されている。実験場所の選定理由はさだかでないが、密集した市街地を避け、開けた川沿いを選んだとも考えられる。当時の大川左岸は、江戸城や譜代大名屋敷、日本橋がひかえる右岸よりは開放的で革新的な雰囲気があったようだ。先に記した両国の盛り場においても、両国橋の西詰と東詰では店の業種も異なり、東詰では如何わしい店もあったとされている。

文化文政期（1804～30）、その東詰広小路を中心に屋台で売られ広まったのが握りずしである。現在では日本食を代表する握りずしであるが、考案された当初は海のものとも山のものともつかない革新的な食べ物であったことだろう。エレキテルとどうように江戸庶民にとっては珍しい存在であり、大川左岸には静電気や握りずしといった革新的な物事が許容される場所柄であったのかもしれない。それまですしの主流は数日を要してつくる押しずしであったが、手軽に早く食せる握りずしは下町気質に合っていたのではないだろうか。

　考案者ははっきりしないが、両国広小路東詰の「與兵衛ずし」や深川安宅（現江東区新大橋）の「松がずし」が握りずしの店として有名となり、江戸庶民の支持をあつめ、徐々に江戸市中に握りずしの店が広まったようだ。当時の握りずしの形や味は今のものとはだいぶ異なっていた。押しずしが基準となった大きさは「一口半」と表現されるようにひと回り大きかった。シャリには現在流通していない小粒な「関取米」が好まれ、酢は知多半島の半田にある中埜酢店（現ミツカン）の赤酢「三ツ判山吹」が最良とされていた。シャリの味付けに砂糖は使われず塩のみが入れられ、ネタは醤油漬けや酢〆などひと手間かけられていたため、醤油を付けずに食することができた。この赤酢は、中埜酢店が酒粕の利用方法として試行錯誤のうえ製造した商品であり、酸味が強かった当時の米酢に代わり、酸味が抑えられた赤酢は江戸限定で販売されるほどの貴重品となった。その輸送は、知多半島の内海(うつみ)を拠点としていた内海廻船によって支えられ、中埜酢店は大いに繁盛したそうだ。この赤酢はむかしの製法のまま純酒粕酢「三ツ判山吹」としてつくられていて、いまでも手に入れることができる。

　遊興においては味覚の楽しみは欠かせない。19世紀前半、うなぎは芝浦、築地鉄砲洲、深川あたりで捕られたものが「江戸前」と称され、賞美されていると文化文政期（1804～30）に編纂された地誌である『新編武蔵風土記稿』[注10]で紹介されている。庶民の味覚を満足させるほど豊かな漁場があったからこそ、江戸独自の食文化も発達したといえよう。

2-2　河川舟運　内川廻し

　江戸の生活は舟運よって支えられていたといってもよい。関西から江戸に運びこまれた物を「下りもの」と呼び、京や大阪の洗練された質の高い商品を指し示すことばであった。地場産業が希薄な江戸初期の関東において、関西からの商品は日常生活の維持のみならず、文化的に質の高い生活には欠かせなかったことが分かる。江戸の需要は関西方面からの物資だけ賄われていたわけではない。利根川や荒川、江戸川、新河岸川といった河川舟運も重要な役割を果たした。東北地方と江戸を結ぶ航路として、銚子から川船によって利根川、江戸川を経て、舟堀川（現新川）と小名木川を通って江戸に至る航路も整備された。小名木川は舟堀川との総称として行徳川とも呼ばれることもあった。

　銚子から関宿を経て江戸東京に至る航路について『水戸市史　中巻（一）』[注11]では那珂湊からの輸送路は「内川廻り」とされ、銚子からの航路は「銚子入内川江戸廻り」と記されている。川名登氏の『近世日本水運史の研究』[注12]では「内川廻し」と記述され、鈴木理生氏の『図説江戸・東京の川と水辺の事典』[注13]では江戸期に「内川廻し」または「奥川廻し」と呼ばれていたとされている。本書では、この航路を「内川廻し」とした。内川廻しのような航路は内陸舟運あるいは内陸水路、河川水運もしくは河川舟運とも呼ばれているが、いずれにしても、内川廻しは江戸東京の発展において、重要な役割を果たす存在へと成長を遂げたのである。

　開府当初、幕府は盤石な統治を確立するためにも、全国的な物流網の整備が不可欠であった (2-18)。それは、江戸の需要に応えるだけの物資を調達する必要があったためである。全国的な舟運網確立の任務をたくされた伊勢出身の豪商河村瑞賢は、寛文11（1671）年に東廻り航路を確立させた。当時、鹿島灘（かしまなだ）から犬吠埼（いぬぼうさき）を通過し房総半島沖を走る経路は大変な難所で、航路が整備されていなかった。

　航路が整備されるとはどういうことだろうか。司馬遼太郎氏の小説『菜の花の沖』[注14]には、そのあたりの情景が詳しい。話の舞台は、北前船が

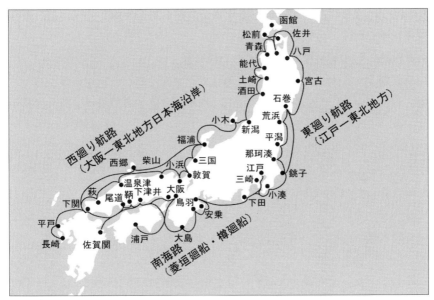

2-18 舟運の全国網

栄華を極めていた日本海である。動力のない船では、潮流や風の状況を的確に把握し、うまくその力を利用しないと思う方向にすすめなかった。主人公の高田屋嘉兵衛が、蝦夷地の拠点である松前に渡る時や箱館を開拓する際には、潮流や風を見極めることではじめて、現在の津軽海峡を渡り目的地に到達できたのである。西廻り航路が確立された後でも、船頭の能力によっては船が転覆し、積荷を失ってしまう事故が多かったとの話が、小説の中で語られている。房総半島沖にもどうような危険が常にともなっていたのであろう。

　東廻り航路のうち、房総半島の東側を南下し伊豆半島の下田に寄港した後、黒潮に乗って江戸湾に入る航路は、「外海江戸廻り」とも「大廻し」とも呼ばれていた。従来、太平洋を北上する黒潮に押し流されて、房総半島沖から直接江戸湾に入ることが困難であり、一度下田に寄港する必要があった。これで、銚子から内川廻しを利用するものと、海運で江戸へ直送する二つの流通路が整備されたことになる。内川廻しは危険が比較的少ない

2　水辺の暮らし　　55

が、河川の水量によって時間を要する傾向があり、大廻しは内川廻しよりは運賃が安いが、危険を伴う傾向があり、互いの特徴を活かしながら、東廻り航路としても重要な役割を担っていた。

　享保期（1716〜36）頃までは、大廻しよりは内川廻しの利用が多かったと考えられている。天保期（1830〜44）になると、銚子河口では土砂の堆積がすすみ、大型廻船の入港に支障が生じるようになったといわれている。そのため銚子は、東廻り航路における内川廻しへの玄関口としての機能が働かなくなってきたことが想像されると、斎藤善之氏は『国立歴史民俗博物館研究報告』の「近世における東廻り航路と銚子港町の変容」[注15]のなかで述べている。また、川名登氏は『利根川荒川事典』[注16]において、銚子湊への入港時の危険が増すと、太平洋に面する高神村名洗（現銚子市）より利根川へ掘割を開削するための工事が行われたが、工事は成功しなかったと記している。その後、元禄期、宝永期、天保期にも江戸商人によって計画が出願されたが、結局、名洗運河が実現することはなかった。それだけ利根川、江戸川を活用する内川廻しは、舟運にとって魅力ある航路であったといえよう。当初、内川廻しが主流であり、その後、自然条件の悪化にともない、銚子沖を迂回する大廻しの比重が増大したことになる。それは、時代とともに航海技術が向上したことや、高神村（現銚子市）の高台に常夜燈を設置して、航海の安全性を高めた成果であったと考えられる。

　内川廻しは時代を超え、拡大し続けた江戸東京への重要な物資供給路であった。また、物流の面で東北方面と江戸との直接的なつながりにより、単に物資だけではなく人や情報の往来も容易になったことだろう。内川廻しを含めた東廻り航路という物流大動脈の成立により、幕府が拠点とする江戸が日本の要たる位置を獲得し、長期的に安定した政権維持の支えになったと捉えることができる。

　ここで疑問に思うことは、家康が江戸を本拠とした全国的な権力構造を発想した時期である。その答えは本人に質すより方法はないが、関東の地形や地質といった自然条件への理解を深めることで、秀吉より関東移封の命を受けた際には、すでに江戸の将来像を描いていたのだろうか。東北方

面との物流を可能にした存在は、内川廻しだけではなく、房総半島を迂回する大廻しもあった。大廻しにない内川廻しの価値は沿川開発にあり、利根川や江戸川沿いに形成された河岸を核とした地場産業の成長は江戸東京の発展を支えることとなった。江戸東京の歴史において重要な役割を果たした水辺ではあるが、現在は水辺の存在さえも気づきにくいまちづくりになっている。

2-19　那珂湊を経由した航路

□悲願の普請計画

　利根川と江戸川を結ぶ内川廻しの航路が成立する以前にも、東北からの船は那珂湊に入港していた。那珂湊から涸沼の海老沢までは舟を利用し、海老沢からは陸路で霞ヶ浦と北浦に至る経路があった（2-19）。この陸送となる経路部分は、物流に携わる江戸商人にとって負担が大きく、その負担を軽減することが商人たちの願いとなっていた。寛文 7（1667）年、那珂湊から江戸までのすべての経路で船が利用できるよう、江戸の商人たちは海老沢と下吉影間の運河掘削を計画し、翌年水戸藩の許可を得ることはできた。普請の費用はすべて商人たちが負担する計画であり、それだけ江戸への物流が盛況であったことが推察できる。この計画は幕府からの理解が得られず、実現することはなかった。新堀計画が頓挫している間、鹿島灘を南下し銚子までの航路が整備されると、那珂湊経由の廻漕は減少したため、涸沼と霞ヶ浦や北浦を結ぶ運河計画は重要性を失うこととなる。

普請計画は地域発展にとって不可欠なものであるが、すぐに実現できるものばかりではなかった。計画立案者たちは実現できそうな事業を計画したのではなく、地域の理想像を描き、実現できるまで粘り強く交渉し、我慢強く実現できる時を待った。規模が大きくとも計画とともに事業が開始される場合もある。利根川東遷のように時の権力者が意図する計画は、実現を前提として計画が立案されるためである。利根川東遷は関東郡代に任命した伊奈備前守忠次が任された事業で、文禄3（1594）年から完了まで約60年の歳月を要した。利根川東遷により東廻り航路において、利根川や江戸川といった河川を利用した安全性の高い物流経路が確保されることとなった。また、内川廻しの河岸を核とした地場産業の発展が、拡大を続ける江戸の消費を支えることとなった。このことから、幕府の利根川東遷の狙いは内川廻しの整備にあったと考えられるほか、治水や新田開発といった効果も視野にあったと考えられている。

　物流は常に効率性と安全性が求められるため、陸送や海路となる部分をなるべく減らし、河川や運河を利用する経路が廻船従事者の念願として計画されることが多かった。それは、時代や地域を越え、舟運の普遍的な法則ともいえる。西廻り航路により打撃を被った日本海から琵琶湖を経由して京都へ至る物流経路においても、湖北と若狭の間にある野坂山地を貫く運河計画が次々と幕府に訴願された。当時この運河計画が実現されることはなかったが、19世紀になると部分的に運河開削が実現し物流経路として活用された。

　明治期にはこの他にも、敦賀と大阪を結ぶ阪敦運河が構想された。また、明治27（1894）年にインクラインも併設して完成した琵琶湖疎水の計画は、すでに天保期（1830〜43）には壬生村の農民によって発想され、その計画が京都町奉行に請願されていた。普請の計画は実現の有無以前に、地域の理想的な物流経路の発想は、その地域の悲願として計画されていた。その中から、地域の粘り強い意志を背景として、時代をへて社会に適合したかたちで実現される計画もあったことが分かる。江戸期には全国各地で用水や悪水路、堤防などの水辺の制御に関わる普請も計画され、さまざまな要因

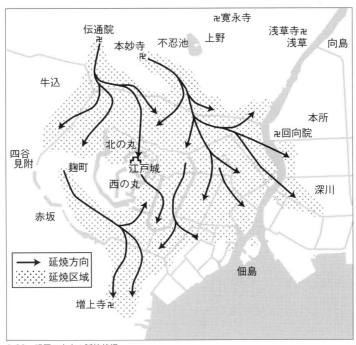

2-20　明暦の大火の延焼状況

が時とともに複雑に関連しながら計画は検討され、実現された一握りの計画は地域の悲願そのものであったといえる。その悲願を実現させるためには、普請を計画する下準備が何より重要となる。

　ここで、江戸東京の発展の転機について触れたい。家康が入府した当時の江戸において、武家地をはじめ町人地、寺社地などの土地利用は豊臣政権における一大名の城下町として計画された。その後、江戸幕府の拠点として著しい発展を遂げた江戸は、開府半世紀ほどで当初の町は手狭となり、土地利用の見直しが必要になっていたと考えられる。お膝元とはいえ土地利用を思いのままに変更することは幕府といえども不可能であったが、明暦3（1657）年に江戸市中を焼きつくす明暦の大火が生じた（2-20）。江戸城天守閣も消失するほどの大火により灰と化した江戸全体を、幕府は単に元の姿に復旧したのではなく、大胆な土地利用の再構築を実施し、その後

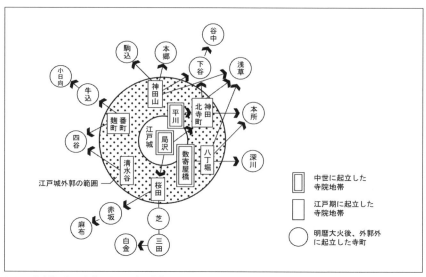

2-21 大火後の江戸市中にあった寺の移転状況

100万都市として相応しい町の基礎を築くことができた (2-21)。文献史料で確認することはできなかったが、幕府では江戸の再構築についての議論が以前からあり、明暦の大火を契機としてその議論にもとづいた普請を実施したのではないだろうか。また、東京大震災後の復興計画においてもどうようの見方ができる。震災復興事業では元の近世的な都市を復旧したのではなく、現在の靖国通りや昭和通りなど都心の幹線道路が整備され、それにともなう橋梁の架け替えが実施されたことで、来るべき車社会に対応できる都市構造が迅速に構築された。近代国家を目指す新政府は、近世からの姿を残す東京を首都に相応しい近代都市とすべく何らかの議論を暖めていただろうと考えられる。このような普請もしくは土木的な事業を通して、その実現には地域の理想を議論する重要性を学ぶことができる。

□船と物資

　ここで、内川廻しを往来していた船や物資の話に触れることとしたい。活躍していた代表的な和船は高瀬船であった。その他、艜船や五大力船、茶

船、艀といった船も物流の担い手であった。明暦の大火後、当時流行していた屋形船も復興の物資を運ぶために動員されたので、２～３年間は遊興のための屋形船が姿を消したといわれている。

　真岡木綿を用いた帆船の高瀬船は、日本全国の河川で活躍した川船であった。河川を下る際には流速を利用し、適宜に棹を使用するなど航行は比較的容易であった。問題は河川をのぼる際、季節風が利用できないと、川岸から綱で上流に曳くといった難儀をした。内川廻しでは場所や風の具合によって異なるが、くだりで４時間程度要する30kmほどの行程は、帆を利用してのぼった場合は３～４時間程度、曳いてのぼると10時間ほどもかかっていたようだ。全国でも利根川の高瀬船の規模は比較的大きく、最大なもので長さ約15.6m、幅３mあまりで、積載量は1,200俵であった。布川村の赤松宗旦によって書かれた利根川の地誌書『利根川図志』(注17)には、500～600俵積の高瀬船の乗員は４人、800～900俵積のもので６人と記されている。浅瀬では60～90俵ほどの積載量をもつ艀で積み替えを行う難儀な場面もあったようだ。

　また、全国で主に荷物や旅人を輸送していた鞨船は、船底が平たく喫水が浅い。利根川では高瀬船とならぶ代表的な荷船で、利根川上中流域で主に活躍していた鞨船の最大なものは、長さ約17.2m、幅3.3mあまりで、500俵の積載量があった。

　舷側に台と呼ばれる長い棹走りを持つ五大力船は、海船であっても直接河口に乗り入れ、河岸に横付けできる構造を持ち、銚子から佐原付近まで遡上していた。積載量120俵程度の小さな船体だが、下利根に加え霞ヶ浦沿岸でも活躍していた。

　主に利根川中下流で活躍した茶船は、種類が多く、積載量が20俵から100俵と大きさもさまざまであった。猪牙船、荷足船、投網船、釣船も茶船に含まれる。

　明治になり川蒸気船の登場後も、高瀬船は主要な物流手段であり、その勇姿を内川廻しで目にすることができた。内川廻しが利用された理由のひとつは、料金の安さにあった。陸上の運送手段としては、牛や馬が活躍

ていたが、一駄で運べる量は2俵で、牛や馬を先導する人手も必要となるばかりか、積み下ろしには手間がかかった。寛政4（1792）年の記録からは、利根川中流の布施河岸（現柏市）から江戸川の流山河岸に至る約12kmの陸送は2俵で174文、一方、加村から江戸までの約32kmの舟運の料金は126文であったことがわかる。内川廻しは一度に大量の物資を低廉な料金で運送できる舟運の特性を生かせる環境が整えられていたことにより大いに発展した。

□河岸と地場産業

　内川廻しは物資の安定輸送の役割だけではなく、内川廻し沿いの地域振興に影響を及ぼした点で大廻しとは性格が異なると考えている。内川廻しの航路によって利根川筋や江戸川筋には、港機能を果たしていた中世の津とは異なる、川港としての河岸が新たに成立した。文禄期から慶長期（1592～1615）においては、年貢米を輸送する目的で、領主層により河岸が創設された。寛永12（1635）年の参勤交代の制定により、諸藩領からの江戸廻米が増加し、江戸、大阪を中心とした幕藩制下の領主米を基本とする全国的市場が形成されていく。この時期、内川廻しを含む利根川、荒川水系を通じて結ばれた関東各地の奥川筋には、数多くの河岸が新たに誕生した。また、商品輸送を引きうける河岸問屋も成立し、領主層の年貢米輸送の他に、一般の荷物も運ばれるようになった。承応期から寛文期（1652～73）には、年貢米ばかりではなく、一般の商品も扱う河岸問屋が営業として成り立つようになり、河岸問屋は運上金などの関係で領主との結びつきをつよめるようになった。

　天明3（1783）年に浅間山の大噴火があり、その火山灰により利根川の河床もあがり、流域の航行が年々難しくなる事態が生じ、喫水の浅い高瀬船が主流となって活躍した。浅間山の噴火があった宝暦期から天明期（1751～89）は、幕藩制の転換期であるとの見解が広く認められていて、全国的な流通の分野においても、新興勢力の台頭と既存勢力の動揺が引き起こされていた。斎藤善之氏は『新しい近世史3　市場と民間社会』の「総論　流

通勢力の交代と市場構造の変容」(注18)において、天明飢饉の経済変動が、地域の流通機構や輸送勢力の交代に大きく影響していると指摘している。こうした新旧勢力の競争は、結果として地場産業の成長を促し、江戸の庶民文化が爛熟する文化文政期（1804～1830）を迎えることとなった。

　先に文化文政期に両国広小路周辺を中心として握りずしが広まったことに触れたが、握りずしは知多半島からの赤酢や、鮮魚が店の都合にあわせて確保できてはじめて成立できた食文化であり、その背景には物流や漁法の革新があった。宝暦期から天明期（1751～89）における流通の転換は、現代における国鉄から宅配業者への転換に類似している。国鉄時代の荷物は駅留めなどの扱いであったが、物流の民営化が図られ受け手の都合にあわせて、日時指定が可能な宅配が一般的となった。そのため、国鉄時代には考えも及ばなかった通信販売といった新たな業種業態が誕生した。通信販売はインターネットの普及だけで成立できるものではなく、きめこまやかな物流システムに支えられているのである。

　内川廻しは当初、東北方面からの廻米運搬が主要な役割であったが、河岸周辺の地場産業が発展するにともない、それぞれの河岸からは地場の特産物が搬出された。たとえば、銚子からは鮮魚や醬油、利根川下流の野尻や高田からは干鰯、絞粕、魚油、佐原や小見川からは酒、木下（きおろし）からは米、材木、薪が、野田からは醬油、流山からはみりん、行徳からは塩といった特産物のほかにも、さまざまな船荷が積み出され内川廻しを通って江戸へ運び込まれた。明治になると、政府は近世の宿駅制を全廃し、その代わりとして民間で陸運会社を設立することを勧奨した。東京の発展とともに物流の需要が伸び、境河岸では陸羽道中などの宿と共に境町陸運会社を設立するなど、河岸にかかわる者同士で陸運会社が設立された。そのなかにあって、分社あるいは運漕所として従来の大船持、河岸問屋を包括する経営形態であった内国通運会社によって、明治10年川蒸気船「第一通運丸」が就航した。それ以降江戸川、利根川の舟運は隆盛を極めた。当時、多くの川蒸気船が営業していたため、激しい競争が繰り広げられ、川蒸気船の宣伝にも力が入れられさまざまな広告が作成された。庶民にとって新しい交通

手段であった川蒸気船は、現在の電気自動車のように新鮮な対象であったようで、当時の錦絵の題材として取り上げられている。

□利根運河

　一方では、浅間山の火山灰による河床上昇の影響もあり、明治10年代には利根川と江戸川との合流地点である関宿、境周辺の航行が難しい状況となった。そのため、現在の柏市船戸から流山市深井新田を結ぶ利根運河の整備がすすめられ、明治23（1890）年に開通をはたした。この頃、足尾銅山の鉱毒による渡良瀬川の魚の大量死が発覚し、公害問題が利根運河建設に影響したとの見方もある。利根運河により内川廻しの従来のコースが42km短縮されため、運賃も安くなるなど整備効果は大きかった。最も通船が多かった明治24（1891）年には年間3万7600艘、一日平均103艘に及んでいた。現在の利根運河の水量はわずかで、公園に流れる水路のような印象を受ける。ここがかつて舟運の幹線であったことを、この風景から感じ取ることは難しい。

　こうした舟運の構想と反するように、鉄道が著しく発達し、結果として舟運の役割が減少することで、河岸全般が衰退するに至った。昭和10年頃には利根運河の通船は、一日平均20艘以下となり、昭和16年の大洪水により水堰橋が倒壊し、船が通航できなくなったため、利根運河は航路としての役割を終え、内川廻しにおける舟運流通網の姿は消え去ることとなった。ただし、東京の舟運がすぐに消滅したわけではなく、隅田川貨物駅をはじめ、両国、錦糸町、秋葉原には鉄道と舟運の接点となる貨物駅ができ、舟運と鉄道がたがいに補完しながら、首都東京の物流を支えていた時期があった。戦後の高度経済成長期までは衰勢の程度は別として、東京の河川で船が活躍する姿が見られていた。佃大橋が架かる昭和39年までは佃の渡しも運行していたし、その頃には隅田川沿いにある柳橋などの料亭では、納涼の川床に屋形船がつけられ、船遊山を楽しむことができた。

2-3　東京の現状

　東京において近年、徐々にではあるが水辺の活用がすすんでいる。臨海部の取組みとしては「運河ルネッサンス」をあげることができる。東京都が推進しているもので地域の町会、商店会、企業、民間事業者、NPOなどの団体による地域協議会が設立され、運河の活用方法や運河を利用したイベント、運河上に設置したい施設などについて話し合い、東京都の支援を受けながら話し合った内容を実現させる仕組みである。これまでに芝浦地区、品川浦・天王洲地区、朝潮地区、勝島・浜川・鮫洲地区、豊洲地区において地域協議会が設立されている。

　芝浦地区では港区社会実験として地元商店会により護岸上の「運河カフェ」が運営されている。品川浦・天王洲地区では寺田倉庫による船上レストラン（浮体式海洋建築物）「WATER LINE」が開業した（2-22）。また、豊洲地区では芝浦工業大学豊洲キャンパスに面する豊洲運河に整備された防災船着場に船を接岸させて「船カフェ」が定期的に期間限定で開催されるようになった（2-23）。

　隅田川や日本川、神田川、江東内部河川における観光舟運が活性していることも

2-22　「WATER LINE」と倉庫を再利用したレストラン

2-23　芝浦工業大学前の防災船着場で営業される船カフェ

見逃せない。平成22年頃までは行楽に適した5月や10月であっても、他の観光用船舶と行交う機会は少なかった。平成23年の日本橋架橋100年に合わせて日本橋南橋詰にある滝の広場に面して船着場が整備され（2-24）、また浅草においては東京都観光汽船の船着場が建替えられるとともに（2-25）、東京水辺ラインの浅草（二天門）発着場が整備された。平成24年に東京スカイツリーが完成すると、観光用船舶の航行が目立って増加するようになった。橋桁が低く、川幅の狭い北十間川を航行するための専用の船を新造する企業も多く、東京下町低地の観光舟運は経営において展望のある事業と判断されているようだ（2-26）。

こうした状況の中、東京都では平成23年より、かつて全国の人々が憧れ、江戸の華であった隅田川の賑わいを現代に生まれ変わらせ、新たな水と緑の都市文化を未来につなぐ取組みとして「隅田川ルネッサンス」を展開している。また、東京スカイツリーのお膝元の墨田区と江東区を流れている江東内部河川において、両区合同により観光舟運の事業化に関する研究会が立ちあげられ、複数のコースにおいて船舶を運行する社会実験が行われるなど、観光舟運の活性化に向けた環境が整いつつある。東京都をはじめ墨田区、江東区、中央区が管理している防災船着場が、一定条件の下で一般開放されるようになったことは舟運活用の後押しになるものと考える。

三社祭斎行700年にあたる平成24年、浅草神社の祭事「舟祭」が隅田川を舞台に再現された（2-27）。舟祭は三社祭の起源とされ14世紀には執り行われていたようだ。浅草御門まで神輿を担ぎそこから船で大川を駒形堂まで渡御する祭事であった。再現された舟祭当日、神社周辺を巡行した神輿は隅田川の浅草（二天門）発着場に停泊していた

2-24　日本橋橋詰に新設された船着場

台船に乗せられ、一度上流の桜橋に向かいそれから下流の神田川との合流地点である両国橋を経由し、ふたたび隅田川を駒形堂まで遡上した。この船渡御のようすから改めて浅草寺や浅草神社が水辺とかかわりの深い寺社であり、江戸東京が水辺都市であったことが喚起された。

　また、約10万個のLEDライトを隅田川に放流する「東京ホタル」といった新たな催事が開催されるなど、東京の水辺活用が各地域ですすめられている。隅田川親水テラスは多くの水辺の行事で利用されているが、高い防潮堤によって市街地からの視線が遮られる場所であり、日没後はテラス全体が暗くなることにより近づき難い雰囲気に変わってしまうことも指摘しておきたい。

　このように江戸期以前から現在に至るまで、河川や海は水害の元凶というより

2-25　東京都観光汽船の浅草発着場（吾妻橋）

2-26　多くの花見船が行き交う隅田川

2-27　浅草神社の舟祭

も、人々の生業を支え、生きる活力の源として親しまれてきた。少なくとも江戸期頃の治水において、水辺と暮らしを断絶するような発想そのものがなかったように思われる。しかし戦後になると、舟運をはじめとする水辺活用と暮らしの分断を容認する都市政策がすすめられ、東京下町低地の河川両岸に防潮堤が整備された。一度、水辺活用を手放した東京下町低地において、水辺を活用する知恵や知識が地域にはうまく継承されていないためか、現在の水辺活用に関する取組みはどれも手探り状態ですすめられている印象を受ける。また、東京における水辺活用は自治体やNPOなどの団体が主催するものが多く、まだまだ暮らしに根付いた行事にまで成熟していない。

2-4　大阪における水辺の暮らし

　平城京の表玄関として、また長岡京や平安京への物資搬送の拠点として発展した大阪は、江戸東京に比べ水辺活用の面では一歩も二歩も先んじている。江戸開府に際し摂津国から移住した漁師が江戸の漁業を牽引し、また天下の台所としての地位を確立し得たのも、充実した水辺の暮らしが成立し物、人、情報が集散する環境が整っていたことが影響しているのだろう。大阪での水辺活用の変遷については東京での内容よりも多くなるため、ここでは淀川舟運と現状についてのみ記すこととする。

□淀川舟運

　瀬戸内海と畿内内陸部の中継地点という立地条件を生かし発展した大阪にとって、淀川舟運は重要な存在であった。古代から舟運活用のあった淀川は長岡京や平安京の時代以降、都への物資輸送路として一層重要性が高まった。中世末期には湖上輸送や街道整備がすすみ、京都と大阪の都市間輸送路としてだけではなく、琵琶湖を経由し北陸や山陰との輸送経路としての需要が増加した。

　中世末期から近世初期には、もと岩清水八幡宮の支配下にあった淀船が、

木津川の笠置、宇治川の山内、桂川の嵯峨、淀川本流の尼崎までの範囲において航行権を有していた。積載石数は20石積以下であり、淀20石船または淀上荷船(よどうわにぶね)と呼ばれることが多かった。また、天正期から慶長期（1573～1615）にかけて、海運に従事していた30石積以上の船も航行するようになった。後に過書船(かしょぶね)と称される30石積以上の船の出現により、淀船による独占的営業は終焉し、淀川筋には淀船と過書船が共存することとなる。

　江戸幕府は淀川舟運の軍事的、経済的な価値を重視し、従来の淀船と新規の過書船の両船を過書奉行の支配下に置いた。以来、商売敵となる両船の関係は悪化する。こうした状況の中、元禄期（1688～1704）になると過書船の営業地域である大阪、伝法、尼崎、伏見において、伏見船の荷物運送が許可されたことから、過書船と伏見船との間でも激しい営業競争が展開された。他にも複数の業者が乗り出すほど、淀川舟運の市場は魅力的なものであった。京都町奉行所の裁許により淀船と過書船の内紛は収められたが、営業競争を続けた過書船と伏見船の両船は次第に衰退していくこととなった。

　淀川筋には物資輸送の船や旅客専用の乗合船、飲食物を販売する「くらわんか船」を俗称とする煮売茶船などが往来していた。古川智映子女史の『小説土佐堀川　女性実業家・広岡浅子の生涯』(注19)には、嘉永2（1849）年に京都油小路三井家に生まれた広岡浅子が、大阪一の豪商両替商加賀屋に嫁ぐ日、30石船で伏見から大阪天満橋まで下る淀川の場面が描かれている。また、古典落語「三十石」や歌舞伎「三拾石艔始(さんじゅっこくふねのはじまり)」においても、淀川の船旅を舞台とした話が展開されている。淀川舟運は物流としてはもとより、乗客への飲食販売をしていた「くらわんか船」が繁盛するほど人の足として重宝され、物見遊山の場所としても人々の心を惹きつけていたのだろう。

　この他に、淀川筋下流の大阪三郷市中で営業権をもつ川船として、20石積の上荷船と10石積の茶船があった。両船は大阪に入港する廻船と問屋でやり取りする荷物を取り扱い、海域では兵庫、尼崎、堺、岸和田において、淀川では京橋まで販売荷物独占の特権が与えられていた。

□大阪の現状

　淀川、神崎川では古くから渡し船の営業が行われていたが、現在でも大阪市内には市営の渡船場は8か所ある（2-28、2-29）。人だけではなく自転車も乗り入れできる渡船の利用価値は高く、平成20年度の年間利用者総数は約208万人であった。渡船場が31か所で、年間利用者総数が約5752万人であった昭和10年頃に比べると、大分利用が減少しているが、鉄道やバス、自家用車の普及度合を考慮すれば、無料で乗船できる大阪の渡船は現在も十分に役割を果たしているといえよう。渡船場の待合室に集まる人の状況をみて出航してくれる仕組みとなっている。渡船が対岸に停泊している場合は、待合室の状況を見計らって係員が合図を送り、その合図により船が迎えに来てくれる。船は自動車と異なり風や流れによって臨機応変な対応が求められるが、渡船の乗船システムも鉄道やバスとは異なり柔軟性に富んでいるようだ。

　大阪における新たな水辺活用としては、道頓堀川と土佐堀川沿いの北浜テラスが特筆に価する。道頓堀は以前から繁華街として賑わいのある場所であったが、そこを流れるかつての道頓堀川は両岸の電飾や派手な

2-28　渡しの船着場

2-29　渡船には自転車と乗船できる

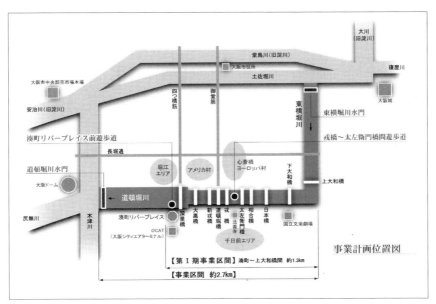

2-30　道頓堀川水辺整備事業　事業計画位置図

広告だけが目立っていて、阪神タイガースが優勝しファンが橋から飛び込む舞台となる時だけ脚光を浴びるような存在であった。その道頓堀川は現在、1月の今宮戎神社「十日戎」宝恵駕行列出発式、5月の鯉のぼりのイベント、7月の難波八阪神社船渡御や七夕のイベント、12月のクリスマスイルミネーションイベントなど四季を通じてさまざまな催事が開催される他、映画公開時のプレミアムイベントやアーティストのゲリラライブに利用されるほど宣伝効果が期待される環境へと変貌を遂げている（2-30）。

　大阪市では道頓堀川水辺整備事業において、戎橋から太左衛門橋に至る区間に遊歩道「とんぼりリバーウォーク」を整備するとともに（2-31）、道頓堀川水門と東横堀川水門を建設（2-32）し水位と水質を調整する仕組みを整えた。加えて、沿川ビルの建替えにおいて遊歩道へのアクセス確保を誘導することで、市街地と一体化した河川空間を創出した。道頓堀川には船着場も設置されていて、観光舟運「とんぼりクルーズ」の往来により繁華街に一層の賑わいが演出されている（2-33）。

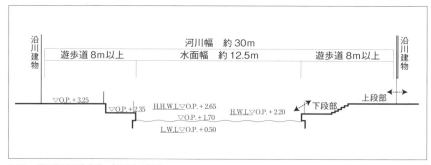

2-31 道頓堀川の遊歩道一般区域の断面

2-32 道頓堀川水門

2-33 再生された道頓堀川で活躍する観光舟運「とんぼりクルーズ」

　また、水辺活用の先進的事例として取り上げられることの多い北浜テラスは、土佐堀川沿いのビルに設けられた川面を楽しめるテラスである。京都鴨川の川床を想わせる北浜テラスは、それまで味気なかった川沿いに賑わいをもたらす存在だけではなく、テラスを通して利用者が河川への関心を喚起させられる施設となっている。東京都においても隅田川や日本橋川を対象に川床「かわてらす」の設置を誘導する社会実験事業がすすめられている。この事業によって日本橋川で1ヶ所、隅田川で2ヶ所の「かわてらす」が誕生した

が、北浜テラスと大分雰囲気が異なる。高速道路の高架橋で上空がふさがれている日本橋川は開放的な土佐堀川の環境との違いが影響していると思われる。開放的である隅田川のテラスにおいても、北浜テラスのような親水性が感じられにくいのは、テラスと水面の位

2-34　天神祭船渡御当日の天満橋

置関係が原因のひとつと考えられる。北浜テラスは手を伸ばせば川面に届くほど河川と近い場所である。一方「かわてらす」の場合、隅田川との間には隅田川テラスがあり、川面を見下ろす高い位置に設置されているため河川との距離感が感じられる。このような東京の隅田川と大阪の旧淀川における水辺の環境の違いは、両都市で選択されている高潮対策の技術の違いが背景にある。

　大阪での伝統的な水辺活用としては、天神祭船渡御を抜きには語れないだろう。10世紀にはじめられたとされている神事で、難波堀江という大阪の形成史において象徴的な場所が舞台となっている。昭和13年に中止された船渡御は昭和24年に再開されるが、翌年には地盤沈下による影響で再び中止に追い込まれた。その後、渡御のコースを上流に変更するとともに、御旅所で行っていた神事を船上で斉行するという工夫により、歴史的な水辺の伝統行事は現在に至るまで守られている。旧大川の両岸から多くの群集に見守られる船上祭や船渡御は、まさに市街地と河川が一体となる瞬間である（2-34）。

　宵宮の24日に高張提灯に張られた注連(しめ)に四手(しで)を飾った手こぎの「どんどこ船」が、道頓堀川周辺で鉦(かね)や太鼓を鳴らしながら祭りを盛り上げるようすを観覧していて驚いたことがある。道頓堀川をくだって来たどんどこ船が戎橋手前で船を回転させ、上流へと去っていたのである。道頓堀川水辺

2-35 道頓堀川で向きを変えている「どんどこ船」

整備事業には、全長16.2mのどんどこ船が回転できるよう、遊歩道を一部狭くし川幅を広げる配慮がなされていたからである (2-35)。また、船の乗り手が新たに整備された道頓堀川を使いこなしているさまは、大阪において水辺文化が脈々と息づいている証のように感じられた。この光景を目にしたとき、浅草神社の舟祭でのできごとが思い出された。神輿が隅田川テラスの船着場に向かうためスロープを威勢よく降りていたが、踊り場に差しかかるとその威勢や掛け声がやんだ。踊り場が狭く、神輿を旨く回転させることができないためであった。新たに設置された隅田川テラスへのスロープは、一般的な設置基準はみたしているものの神輿が通ることまで想定されておらず、また担ぎ手もスロープを下ることに不慣れであるためにこのような状況が生じたのであろう。

　戦後、東京下町低地では河川舟運に頼らない都市政策がすすめられてきた。そのため、河川の両岸を高い防潮堤で囲われても支障のない暮らしが成立し、水防や船利用など水辺とのかかわり方が地域において継承されることなく忘れ去られてしまっているようだ。一方の大阪では大型防潮水門による高潮対策の採用により、舟運活用を確保することのできる都市政策が図られてきた。こうした状況により大阪にはいまなお水辺を活用する知恵や工夫が継承され、水辺と関わる暮らしが守られているように思われる。

3

高潮対策の背景と萌芽

3-1　高潮対策の背景

　これまで述べてきたように、沖積低地に形成された東京や大阪は水害の危険が高い都市であるが、水辺は生活を支えてくれる身近な存在として暮らしと深い関係が築かれていた。沿川地域の人々はより豊かに生きるために、水辺を最大限に活用していたともいえよう。戦後、経済的な復興を遂げ、高度経済成長期を迎えると水辺の暮らしに陰りが生じる。河川や海の水質汚濁や船舶から鉄道への交通手段の転換が図られたことに加え、舟運需要が減少したことで水辺と暮らしとの距離が徐々に広がりをみせるようになったからである。暮らしにおいて水辺との距離が広がったことは、地域住民にとって高い防潮堤整備を容認する素地ができつつあったと捉えることができる。このような事態は東京や大阪に限られたことではなく、都市環境が配慮されることなく経済活動が最優先された日本全国の大都市において発生していた。ここでは、東京と大阪において水辺と暮らしの関係に亀裂を生じさせる要因となった水質汚濁と舟運需要の減少について触れることとする。

　なお、本来は港湾法にもとづく港湾区域（水域）、港湾隣接地域（陸域）及び海岸法にもとづく海岸保全区域を厳密に分けるべきだが、分かりやすさを優先し本書では誤解が生じないよう配慮しながら港湾区域として記した。また、昭和31年に公布された海岸法によりそれまで港湾行政が実施していた高潮対策は海岸保全対策として引き継がれ、その事業は海岸行政が担うこととなった。本書ではこうした経緯を理解したうえで、防潮堤等の整備を高潮対策としその担い手を海岸行政として記した。

□水質汚濁

　東京下町低地の河川における水質汚濁の状況を、東京市の衛生試験所のデータでは昭和15年のBOD[注20]の値は千住大橋で10mg/L、両国橋で5mg/Lであり、隅田川沿いの化学工場や染色工場からの排水の影響が大きかったとされている。そうした時代においても、水上で生活をおくる人がいる

ほど舟運は活用されていた。ただし、子供たちは学校に通えない状況があったため、昭和5年には現在の中央区勝どきに東京水上尋常小学校の月島校舎が、昭和18年には現在の江東区塩浜に深川分校が定員250名で開設され、水上生活者の子供たちの学びの庭が確保されるといった事情があった。

　BOD10mg/Lを超えると悪臭がするとされていて、コイやフナはBOD 5 mg/L以下、アユはBOD 3 mg/L以下でないと生息できないことから考えると、戦前から東京の河川は生き物が生息できるような環境でなかったことが理解できる。昭和36年の経済企画庁国民生活局のまとめによると、隅田川におけるBOD負荷量の割合は大規模工場が53％、家庭が32％、その他工場が15％と工場排水の負荷量が多かったとされている。

　こうした水質汚濁に対応するため、昭和33年に旧水質二法と呼ばれる水質保全法と工場排水規制法が公布された。先んじて東京都では、昭和24年に工場公害防止条例が制定されるとともに、昭和39年の東京オリンピック開催に向け、精力的に下水道整備がすすめられた。その結果、昭和40年度までに下水道普及率は35.3％にまで向上し、同年、秋ヶ瀬取水堰により荒川から浄化用水の導水が開始されたことで一層の水質向上が図られた。この浄化用水は東京方面の都市用水や農業用水確保のため、利根川の利根大堰で取水し武蔵水路を経由して荒川に導水された水である。高度経済成長期の東京における水資源のうち、環境対策の一環として浄化用水の確保が必要となるほど河川の水質は悪化していた。昭和48年度、目黒川の太鼓橋ではBOD 75.0mg/L、綾瀬川下流ではBOD 47.0mg/Lの値が測定されており、浄化対策が講じられた河川とそれ以外の河川の水質に著しい違いが生じていた。浄化対策が講じられた隅田川でさえ水質汚濁がひどかった当時、鉄橋を渡る時に河川からの刺激臭が鼻をつき総武線に乗るのがいやだったと語る人は少なくない。

　法律や条例、下水道整備等の対応により、東京オリンピックの時期を境として徐々に水質は改善されたものの、地域の暮らしと河川の間に生じた溝は深かった。昭和36年、早慶レガッタは開催地を隅田川以外の場所に変更、両国花火は大会そのものが中止となった。また、投棄防止を啓発するニュ

ース映像が放映されるほど河川へのごみ投棄がひどく、河川はすでに暮らしから遠い存在であったようだ。東京下町低地の住民にとって、河川や海は水害をもたらす元凶として嫌われ、東京の母なる隅田川は「死の川」と呼ばれるようになっていた。脇を歩いていても川面はおろか河川の存在すら感じられない隅田川において、レガッタや花火大会などの季節の風物詩が姿を消すできごとは水辺の暮らしの崩壊を象徴しているようだ。

　大阪では明治期以降、生活排水により一般の河川水は飲用として適さなくなり、天満橋上流の河川水と飲用可能な井戸水だけが飲用として許可された時代があった。昭和18年度に寝屋川の京橋ではBOD 18.2mg/L、天神橋の土佐堀川でBOD 11.1mg/L、堂島川でBOD 6.1mg/Lの値が測定され、戦後、昭和25年頃から産業の復興や人口増加により汚濁が急速にすすんだ。昭和45年度には寝屋川の京橋ではBOD 62.6mg/L、天神橋の土佐堀川でBOD 33.0mg/L、堂島川でBOD 5.0mg/Lの値が測定され、昭和40年代中頃が水質汚濁のピークであった。

　淀川の水は上流で利用された水が下流で再利用される特徴があり、上流での水質汚濁が下流域に直接影響を及ぼしていた。港湾区域の汚濁の原因は湾内に流入する河川水であり、河川の水質改善が求められた。先に触れた旧水質二法に加え、昭和45年には工場などから公共用水域に排出される水や地下に浸透する水を規制する水質汚濁防止法が施行された。また、下水道施設に加え、産業廃棄物処理施設、ゴミ処理施設、し尿処理施設、港湾廃油処理施設の整備や拡充がなされ、徐々に水質改善が図られた。ただし、寝屋川流域は急激な市街化により下水道整備が追いつかないことに加え、河川の勾配が緩やかで円滑な排水が望めないため、水質汚濁が著しい水域となっている。

　大阪の水質汚濁は東京と比較すると状況は悪いにもかかわらず、舟運の活用を放棄することのない都市構造が維持されていた。こうした大阪を描いた小説が、安治川河口を舞台にした宮本輝氏の『泥の河』である[注21]。当時の大阪における水辺の暮らしでは汚く臭い河川との付きあいがあるため、

住環境としては厳しい面があっただろう。

□ 舟運需要の減少

　河川舟運の減少も水辺の暮らしに少なからず影響を及ぼした。近世、江戸は河川を介して多くの都市と物流網を形成していた。河川舟運の発達は、内陸部の地場産業の発展に寄与し大都市圏の需要を支えたが、戦後の東京においてはその舟運需要が著しく減少した。河川舟運の需要減少を明確に示す資料はないものの、大正10（1921）年東京市が実施した東京市内外河川航通調査と、昭和47年に東京都が低地河川防災対策の一環として実施した航通調査がある[注22]。7日間実施された昭和の調査における全体の航通量は、一日平均約3600艘であり、大正の調査の5分の1程度であった。

　また、全体の航通量における隅田川の割合は、大正の調査では16％であったが、昭和の調査では76.3％となり、戦後における舟運航路が主に隅田川であったことが分かる。大正の調査では、航通の大半は江戸期以来の伝馬船や達磨船、荷足船で、主に建材や燃料を運搬していたと記されている。昭和の調査からは、隅田川上流の油槽所へのタンカーと建材を運ぶ船舶が大半であったことが分かる。

　これらの調査から、戦後の東京下町低地における舟運需要は、隅田川以外で著しく減少したことが理解できる。その理由として、輸送手段としての鉄道整備拡充のほか、旧河川法による低水工事から高水工事への転換や、内川廻しの航路であった利根運河の廃止も影響している。旧河川法により推進されることとなる高水工事は、実質的に河川舟運の衰退を招くこととなった。また、利根運河は昭和16年の台風8号により通航が不能になるとともに、運営していた利根運河株式会社が破綻した。この年をもって、利根運河の航路としての役割を終え、実質的に江戸から続いた内川廻しの航路は廃止となったことも、東京下町低地における河川舟運の衰退に拍車をかけたと考えられる。

　高潮対策との関連について記すと、恒久的な防潮堤建設は河川における舟運活用の終焉を意味していたが、堤防の恒久化事業が開始される昭和40

年頃にはすでに舟運需要は減少していたため、舟運の従事者などから防潮堤の事業実施に反対する動向がなかったと思われる。舟運の活況期に隅田川をはじめとする河川の至る所に停泊していた船舶は、役目を終えた後どこに行ったのだろうか。多くの船舶は東京以外で活躍の場を得ただろうが、東京にも船舶の係留場所が確保されていたと考えると、日本橋川の分流である亀島川がその係留場所として思い当たる。新川1丁目、2丁目を囲むように流れている約1kmと短い亀島川の両端部には亀島川水門と日本橋水門が設置されている。その2つの水門により水位調節が可能であるため防潮堤の必要はなく、船舶の係留場所としての環境が整っているからである。江戸期に御船手奉行所が置かれ、船舶とかかわりの深い場所であった亀島川が船舶の係留場所であったとの考えに不自然はないだろう。

　すでに触れたとおり、大阪は古代から舟運活用により確固たる繁栄をきずいた。その大阪においても旧河川法の制定以降に交通手段の鉄道への転換が図られ、舟運需要に陰りが生じた。しかし、東京と異なる点は防潮堤の恒久化対策として大型防潮水門の建設を選択したことである。舟運活用を維持することが念頭にあった場合、両岸に高い防潮堤を整備することには無理ある。昭和40年代以降も河川区域における舟運活用の維持が志向されたことも影響し、防潮堤にかわる技術として、大阪では大型防潮水門の建設がすすめられたものと考えられる。

　東京において防潮水門による高潮対策が講じられなかった要因として、いくつかの話を聞くことができた。文献史料においてその内容を確認することはできなかったが、以下に紹介したい。そのひとつは、隅田川河口の軟弱地盤に防潮水門を整備することが技術的に難しかったというものである。話の真偽について判断することはできないが、東京と大阪では水門建設に関する自然条件に違いがあったのかもしれない。次の話としては、東京の防潮堤建設が雇用対策としての色合いが強かったというものである。確かに、公共事業の側面として雇用対策が関連し、特にオリンピック特需後は急速に土木工事が収束する状況において、防潮堤建設は絶好の雇用対策で

あったと考えられる。大阪市においては、防潮水門よりも防潮堤の建設費が上回る試算が示されていることから、東京においてもどうような状況にあったと考えられる。しかし、当時の東京都では建設費がよりかさむと思われる防潮堤の建設がすすめられるだけの財政的な耐力があり、雇用対策としては防潮水門よりも防潮堤建設のほうが効果的との判断があったのかもしれない。

　また、地域形成史の観点から東京での防潮水門建設が難しかった理由を考えてみたい。江戸東京において江東ということばは、大川（隅田川）東側の地域、つまり本所深川を示している。江東の「江」は大川を表し、その大川河口東側の自然堤防に深川猟師町が成立していた。明暦の大火後の江東では、小名木川の南側辺りまで埋立てがすすみ、大横川周辺が市街地の東端となった。江東において、大川と合流する主な掘割として小名木川の他に北十間川や竪川が、また大川と並列する主なものとして大横川や横十間川が、それぞれ直交するかたちで整備された。現在、江東のかつての掘割は江東内部河川と呼ばれている。明暦の大火後に開発された本所深川は、住宅地としてだけではなく、物流拠点や寺町、花街、盛り場が混在した地域として成長を遂げた。その際、埋立てとともに整備された掘割が、航路として本所深川発展の原動力となった。大川右岸も醸造関連商品が集積していた新川をはじめとする河岸や蔵、両国広小路などの盛り場、臨海部付近には大名屋敷も分布していた。大川河口部は日本橋川が合流していて、江戸期より市街化がすすんでいた。明治以降は舟運の便がよく、大名屋敷などの広大な土地のある東京下町低地には、官営セメント工場をはじめ、化学肥料や紡績などの工場が河川や掘割沿いに立地した。これらの工場は、日本の殖産興業に寄与する存在ではあった。近代以降に月島をはじめとする埋立地が形成されるが、その対岸はすでに市街化がすすんでいる地域であった。また、埋立地自身も月島にみられるように、整地された当初から市街化される傾向にあった。一方、戦国時代以降に上町台地を軸として発展した大坂においても、埋立てにより土地の拡大が図られた。江戸期には淀川が安治川、尻無川、木津川に分かれるかたちで新田開発として

埋立地が形成され、近代以降も地先が伸びている。臨海部の浅瀬が埋立地として造成される状況は東京と類似しているが、埋立地はすぐに市街化されなかった点が東京の事情と異なっていた。近代においても大阪は港湾都市としての役割を担い、水際は港湾施設が優先して立地する傾向にあった。近代の東京は一時期、横浜に港湾機能を譲るかたちで都市の形成が図れていたため、水際が必ずしも港湾施設が優先される状況になかった。そのため、東京と大阪では埋立地における市街化状況に違いが生じたと考えられる。大阪の防潮水門は安治川、尻無川、木津川の河口である河川区域と港湾区域との重複区域に整備されているが、建設当時の水門周辺はまだ市街化されていなかったため、比較的容易に建設用地が確保でき、また、排水機場は淀川と旧淀川が分流する毛馬に設置されたことから、大型防潮水門の建設が実現できたと考えられる。一方東京では、隅田川の河口は江戸期においてすでに市街化がすすんでおり、高潮対策の恒久化が検討された昭和30年代の河川区域内に水門の建設用地を確保することは勿論、河口周辺の住民から水門建設の同意を取り付けることさえも難航する状況にあったと考えられる。そのため当時まだ市街化されていなかった臨海部で建設用地を探す必要が生じるが、港湾区域であるため港湾局との折衝や、河川施設を港湾区域に建設するための調整が不可欠となり、計り知れない時間と労力が必要となっただろう。後ほど触れるが、当時の高潮対策の恒久化は地盤沈下との時間的な競争であり、他の部局との調整を行う時間的な余裕は河川行政には許されない状況にあった。つまり、地域形成史の観点からは大阪で防潮水門が建設される時代において、東京では防潮水門による高潮対策は現実性の低い計画であったと考えられる。

3-2　高潮対策の萌芽

□ **深刻化する地盤沈下**

　明治末期頃から地盤が沈下するといった現象が明確に認識されるようになった。江戸期には漁業や舟運、遊興、祭事、年中行事などにおいて江戸

の水辺は多彩に活用されていた。明治期になると臨海部を含む東京下町低地では、殖産興業という国是に沿って日本の近代化を牽引すべく工場地帯が形成された。東京下町低地は舟運の利便性が高く、近世の下屋敷など広大な敷地が確保できたほか、工業用水として地下水を得やすく、近代工場にとっては絶好の立地条件を有していたからである。

　増え続けた工場において操業のため無制限に地下水が汲み上げられていた状況の中、地盤沈下が顕在化した。明治25（1982）年には内務省陸地測量部によって、東京市内において水準測量が開始され、明治末頃からは、工場の集中する低地における地盤沈下が社会的な問題として認識されるようになった。大正4（1915）年、陸地測量部の測量結果において沈下が確認され、その後、大正12（1923）年の関東大地震時前後の測量結果において、江東デルタ地帯の異常沈下が判明することとなった。当初、地盤沈下の原因が不明であったが、その後、工場における揚水が地下水位を低下させ、結果的に地盤沈下が生じるといった、揚水と地盤沈下の因果関係が明らかにされることとなった。東京以外にも工場地帯が形成されていた川崎市、横浜市、大阪市、尼崎市、名古屋市、桑名市、四日市市などの都市圏において、揚水による異常な水位低下が確認されている。産業振興の面から揚水禁止は容易ではなく、地盤沈下の進行により浸水が激しくなると工場の操業が困難に陥るといった板ばさみの状況が、東京下町低地をはじめ全国各地で発生した。工場の操業を継続させるには、工業用水を確保しながらも、浸水からの危険性を回避する必要があり、当時の地盤沈下の深刻さを理解することができる。

□文献史料からみる地盤沈下と高潮対策

　地盤沈下が顕在化した当時の状況は、いくつかの文献において確認することができる。『地下水面低下に起因する地盤沈下に関する報告』[注23]において、大正から昭和初期の地盤沈下の状況についての記述がある（3-1、3-2）。

　「東京都の江東地区は低湿の地であって、海岸に沿うて堤防を築き、その内側の土地をまもっている。（中略）大正12年9月1日の関東大震災の前後

から江東地区では大潮のとき床下に浸水することが多くなってきた。ここで今村明恒博士は東京市内の精密な水準測量を行い、その結果、江東地区の地盤が著しく沈下していることを知った。(中略)この現象を更にくわしく調査するために東京市当局は大正9年以降次第に水準点を増加し、陸軍測量部(現建設省地理調査所)に依頼して、数次に亘って水準測量を行ってきた。昭和13年以降は1年おきに実施している。

現在、水準点の数は旧市内で約364点、そのうち江東方面と丸の内とに約120点がある。(中略)之等の水準点に依る精密水準測量の結果をみると、明治末期から僅かながら沈下の傾向が顕れ、その後関東大地震の頃からその

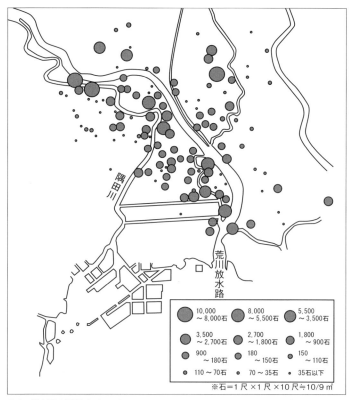

3-1 揚水量の状況(昭和25年1月から5月にわたる聞き取り調査の結果。対象は作業員20名以上の工場・事業所)

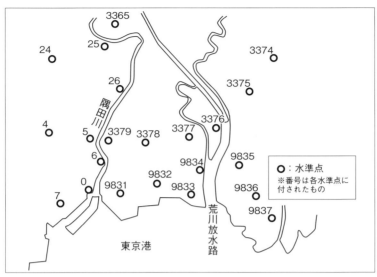

3-2 水準点の分布（昭和10年頃）

程度は逐次増大している。現在までの積算沈下量の大小を地区別にみると、隅田川と荒川放水路の間に於て沈下は最も著しく、丸の内がそれに次ぐ量を示している。即ち前者に於ては最近10年間に於ける沈下量は2mに達するものあり、後者に於ては最近10年間の沈下量は20cmとなっている。」と記されている。

また、戦後において地下水の揚水量と地盤の沈下量との因果関係を探求する経緯について、以下の記述がある。

「大阪市に於て地下水面と沈下量との関係が明らかに示されているが、東京市に於てもこの関係は顕著である。そして地下水位は井戸（深井戸を指す、以下同じ）の水のくみあげ量に関係するものであって、井戸の多い地帯に於ては自然沈下量も多くなっている。

東京都土木技術研究所では沈下地帯の揚水量の概況を知るために、昭和25年1月から5月に亘って調査を行った。即ち葛飾、江戸川、江東、荒川、足立、墨田、台東の7区（面積191k㎡）に亘って作業員20名以上の工場、作業場をとり、研究所員をして戸別訪問により、夫々の担当者から所要事項

のききとりを行わしめた。その結果によると、その種の揚水の多い地区は、荒川放水路から東側の葛飾区、足立区、江戸川区であって、その量はこの順に少なくなっている。之等の地帯は最近特に沈下量の多くなっている地帯と合致している。」と記されまとめとして、「以上に述べたように地下水の汲揚げによって地盤沈下が著しく促進されていることは現場における観測観察の結果から明らかであると同時に実験室に於ける粘土層の物理的性質を基礎とした計算結果からも予測されるものである。それ故にこの現象を最小限度にとどめるがためには、地下水面の低下、即ち帯水層間の水圧の低下を出来るだけ防ぐ必要がある。東京大阪のような大都市にあっては地下水の過度の利用を回避する必要が起こってくるものと予想される。(中略) 勿論地盤沈下対策としてはいろいろの方法が考えられるが合理的且根本的な対策として地下水利用の制限が第一に取上げられなければならない。このような施策を可能とするがためには水道用水及び工業用水安く充分に供給する必要がある。」と記されていて、地下水の揚水量と地盤の沈下量に因果関係があるとの判断のもと、地下水利用の制限に言及されている。

また、『平成10年地盤沈下調査報告書』[注24]からは、戦中戦後の著しい地盤沈下や揚水規制後に沈静化する状況を知ることができる。

「東京都内の地盤沈下は、主要水準基標の累計変動量図がその経過をよく示している。それによると、江東区では大正時代の初期に、江戸川区および足立区では大正時代の末期から昭和の初期にかけてそれぞれ地盤沈下が発生している。地盤沈下の発生時から第二次世界大戦末期頃までの沈下状況をみると、沈下量は江東区や墨田区では大きいが、隣接している江戸川区、足立区では小さい。

昭和13年から昭和43年までの主要な年について、地盤変動状況の変遷をみると、昭和13年～15年には沈下の中心が江東区や墨田区であり、千葉県境や埼玉県境では沈下量が小さい。次に、第二次世界大戦の終戦前後の昭和19年～22年では、それまでの沈下の中心であった江東区東部において沈下量が1cmと急激に減少し、広域にわたって地表面の隆起が測定された。

しかし、一時期減少した地盤沈下は昭和25年頃から再び認められるよう

になり、江東区や墨田区の一部で昭和26年の沈下量が4cmを超えるようになった。その後、沈下量および沈下地域は年々増加し、各地で1年間の沈下量が10cmを超え、沈下地域が千葉県境、埼玉県境にも及んだ。昭和42年頃からは、沈下の中心が戦前より南部へ移動し、江東区東部から江戸川区南部にかけた荒川河口付近で大きな沈下量がみられるようになり、昭和43年には江戸川区西葛西二丁目にある水準基標、江（20）で1年間に23.89cmの最大沈下量が測定された。

このような荒川河口付近の地盤沈下は、昭和47年12月31日に実施された水溶性天然ガスの採取停止、さらに工業用水の揚水量の減少によって急激に減少した。このような諸規制により、昭和48年から低地ではほぼ全域にわたって地下水位が上昇し、地盤沈下は急激に減少するとともに、一部の地域で地表面の隆起が測定された。そして、昭和51年からは5cm以上の沈下する地域がみられなくなり、地盤沈下は次第に減少してきている。」との記述を確認することができる。

大正期から昭和初期における新聞において、地盤沈下を取り上げている記事はいくつもある。読売新聞において、江東デルタ地帯の地盤沈下を取り扱った記事が以下のように確認することができた。キーワードとして「地盤沈下 AND 江東」と入力して検索された結果である。

　大正8（1919）年5月5日　朝刊　5面
　：「地震の為年々東京附近の地盤が落下する」
　昭和7（1932）年7月7日　夕刊　2面
　：「二年間一尺づゝ沈み行く本所、深川　反對に月島は隆起」
　昭和10（1935）年8月1日　朝刊　7面
　：「江東の水禍を救ふ　百年の大計樹立」
　昭和10（1935）年9月7日　朝刊　2面
　：「治水事業は國防と同一の取扱を要求す　三省會議内務對策成る」
　昭和13（1938）年9月21日　夕刊　1面
　：「江東は海底同様　震災當時より一米半も沈下　けふ宮部博士が發表」

検索結果の最初は大正8年5月5日の記事であり、地盤沈下の原因が地震との内容になっていて、当時、地盤沈下の原因が明確にされていなかった状況が理解できる。また、昭和10年9月7日の記事では内務省、農林省、鉄道省により、治水事業が当時最重要であった国防と同程度の重要性であるとの見解が示されている。

　次に高潮防禦施設計畫に関連した「地盤沈下問題と其対策研究」が特集されている『都市問題』(注25)(財団法人東京市政調査会の機関誌)を通して、地盤沈下と高潮対策との関連に触れたいと思う。
　特集は東京市政調査会（現公益財団法人後藤・安田記念東京都市研究所）が昭和10(1935)年6月26日に地震研究所の石本巳四雄所長による「地震の良否と地震動」と同所宮部直巳技師による「本所深川の地盤の移動」の研究発表会を企画し、そこでの宮部氏の発表概要に加え、研究発表会における高木東京市河川課長及び西村都市計畫東京地方委員會事務官の発言内容をまとめたものが掲載されている。江東方面の地盤沈下が深刻化する中、地震研究所等による地盤沈下に関する研究成果をふまえ、都市計畫東京地方委員會において、関係官公署の当局及び学識者による「東京水防計畫協議會」が組織された。そこでの議論が、高潮防禦施設計畫策定に反映されたといった流れがある。そこで、都市問題の掲載順とは異なるが、宮部氏の「本所、深川方面の土地沈下に就いて」、西村氏の「東京水防計畫協議會に就て」、高木氏の「東京市江東方面高潮防禦計畫」の順で特集記事の概要を以下に示した。これらの記事には、公の報告書では記載されない、事業に対する率直な意見が述べられており、高潮対策の経緯を理解する上で貴重な資料であると判断した。
　宮部氏の「本所、深川方面の土地沈下に就いて」では以下のように記されている。
　「水準點は参謀本部の陸地測量部が建設したものであります。此地圖は現はれて居るだけで約六十箇程あります。(中略)此約六十箇程の水準點に付ては明治27年ですか、年ははっきり覚えて居りませぬが、其頃から現在ま

で十三四回の測量がございましたが、其第一回と第二回の測量の差が即ち其測量の間に此點の位置がどれだけ上ったり下ったりしたと云うことを示す譯でありますから、此六十箇の點に付きましては十二三回の垂直變動の量が知られて居る譯であります。

（中略）本所深川に在る水準點に付て上り下りを調べて見ますと、昔からずっと殆んど變動はなかったのが、関東地震の十年前から段々沈下の傾向を示し、其後それが段々激しくなって現在に及んで居ります。（中略）幸ひなことに東京市で建設した水準點が本所、深川だけで四十四箇、其外に復興局で建設したものが數箇ございまして、本所、深川だけで五十箇近くの水準點があり、而も其水準點は昭和4年の秋に高さの観測が終了して居ると云ふことが分かりましたので、それを一度やり直して戴いたのであります。さうすると其五十箇の水準點に付ての垂直變動が分り、深川だけで平均水面から一米以下の場所が斯う云ふ風に非常に沢山あるのであります。一米以下と申しますと、此虜で御覧になりますやうに、大潮の時にもう水面以下になってしまふのでありますから、風もなく、唯大潮と云ふだけで水に浸る場所が出て来る筈でありまして、実際今写真を御覧に入れます如く、大潮の時に於て浸水して居るのであります。

是から先の吾々の目的は、斯う云ふ地面の沈下がどう云ふこと、関係があるかと云ふことを見極めなければなりませぬ。それには色々な方面から此問題を考察して見なければなりませぬが、それに付きましては井戸などを利用して地下水の變動を調べるとか、或は土地の状況地面の泥の理化学的性質を調べるとか、或は又斯う云ふ驗潮儀を一箇所でなく方々に設けたい。（中略）又浸水の問題に対しても、満潮の時にどう云ふ風に水が流れ込んで来るかと云ふやうなことも、実際其場所々々に依って調べて見まして、適当な防禦の方法を講ずべきではないかと思ふのであります。」と記されている。地盤沈下によって、大潮の状態で浸水する地区が多数あり、その地盤沈下の原因については、いくつかの要因を想定するに止まり、当時揚水との因果関係はまだ明確になっていなかったことが分かる。

西村氏の「東京水防計畫協議會に就て」では以下のように記されている。
「東京市の本所、深川其の他江東方面に於ける高潮防禦施設に付きましては、(中略)昭和8年4月に都市計畫として決定した次第でありますが、之は平常の満潮時に於ける浸水を防ぐのが目的でありまして、大正6年10月東京を脅かした海嘯とか昨年(昭和9年)9月大阪を中心として襲った台風による高潮の如きに至っては、此の既定の計畫では所詮防禦する事は出来ないのであります。
　(中略)仮に一官庁、一公署で各々独自の立場から各別に方針を立て思ひ思ひの施設を致しまして其の間何等統制の行はれて居るものがないとしましたならば、所詮好結果を成す事は出来得ないでありませう。それで都市計畫東京地方委員會に於ましては、斯かる見地よりしまして今春東京水防計畫協議會を組織し関係官公署の当局其の他権威者の御参加を願ひまして、各種の角度より検討して所詮根本方針を樹立し、将来高潮防禦其の他の水防を直接の目的とする施設は申すに及ばず仮令直接関係のない民間の営利的施設に致しましたも、総てが一定の基準に據ることが出来得る様に致したいと考へて居る次第であります。」と記されている。
　この東京水防計画協議会は内務次官が会長となり、内務省の都市計畫課長外各係長、土木局第一・第二技術係長、土木試験所長、東京土木出張所長をはじめ、地震研究所技師、中央気象台技師、陸地測量部陸地測量師、警視庁保安部建築課長、東京府土木部長、同部河港課長、東京市都市計畫課長、土木局局長・技術長・庶務・道路建設・河川・下水各課長、都市計畫東京地方委員會各係長、学識経験者数名が参加して開催されたと紹介されている。第1回協議会の際に提出された協議要綱と細目の概要では、地盤移動に関する縁由及び将来の推定として、根本的の防潮計画樹立の前提とすべき地盤移動の原因程度及び将来における予想を示すこととされた。また、防潮計画の根本方針として、防潮計画の樹立に関し防潮施設を整備すべき地域と防止すべき潮位を定めること、防潮施設の大綱を定めること、高潮時における避難施設の大綱を定めることの3点が決定されたと記されている。

協議事項としては以下のように記されている。「高潮防禦計畫の防禦区域、防禦潮位、防禦計畫（区域、計畫事項（防潮建築、外周の護岸堤防築造、防潮林、水門又は閘門築造、海面埋立、防波堤築造））、実地計畫、避難施設計畫の区域、施設、建築制限、高潮予報計畫、地盤移動対策の土地改良計畫、水面埋立基準」調査事項としては「地盤移動調査、地質調査、水防施設の現況調査、被害調査、資料収集」であると示されている。

東京水防計画協議会の会長が内務次官であり国、東京府、東京市の関係部局や技術者、学識経験者が参加したこの会議は、先に記した昭和10年9月7日の読売新聞の記事「治水事業は國防と同一の取扱を要求す　三省會議内務對策成る」で確認したとおり、治水事業が国防と同程度の重要性があると認識されていたことが分かる。また、都市計画東京地方委員会において、高潮対策は関係官庁や部署の個別な対応では好ましい成果は望めず、関係官庁や部局が一同に参加する東京水防協議会において対策の根本方針を示すことが重要と認識されていたことに留意したい。

高木氏の「東京市江東方面高潮防禦計畫」では、江東方面の地盤高と沈下や高潮の浸水状況、高潮防御計画と防御施設の概要についての記述がある。地盤沈下と高潮対策の関係を理解するうえで、高潮防御計画の概要に関する部分を以下に示すこととした。

計画の位置づけとしては以下のように記されている。「高潮防禦方法としてはこれ等全地域に亘って適当なる標高まで地盛を行ふを理想的の最善方法とするを得れども、現在の如く人家稠密し或は工場敷地又は耕作地として耕す所なく利用せられ旺んに活躍してゐるこの地域に対して、一斉に盛土事業を行ふ等は其の所要土量は仮りに他に得らるゝと仮定してもこれを決行する事は夢想も及ばざる難事業であって、全然不可能事に属するものと称すべく、次に避難施設として避難道路及び避難所の築造の如きも必須の事業に属するも、是等稽は要するに異常高潮に対する数年又は数十ヶ年に一度其効を発揮するに止る施設に属し、次に防潮林の設置或いは高潮予報設備の如きも熟れも主として異常高潮設備として其の効を全うすべき

施設に属すべく、是等の施設の如きは、到底各月又は各年に見る高潮に対する防禦施設としては、皆比較的緊急に属せざるものと思考せらるゝを以て、東京市としては単に外周の周壁の嵩上と水門の設置及び存在の価値非常に薄き水路の埋築等を以て江東方面の応急的意味の高潮防禦施設としたもので、前述の避難設備、防潮林及び予報設備等は後日の研究計畫に譲ることゝしたのである。」と記されている。

次に、土地の発達状況と地盤沈下量等を考慮し、高潮防御計画における施設区域を江東デルタ地帯と、江戸川区の大部分、葛飾区、足立区、荒川区の一部の２つに分け、それぞれにおける計画概要を記している。ここでは、江東デルタ地帯に関する記述を紹介する。「隅田川、荒川放水路及び綾瀬川により囲まれたる地域即ち深川區、本所區、城東區、向島區及び江戸川區の一部であつて、この區域は河川水路大に発達して船運の便多きは全東京随一の地域であつて、商工業は繁榮し、人家、工場等櫛比して繁榮大東京の構成上重要なる區域をなしてゐるに係らず、其の地盤の低下量は他の地域に比較して甚だしく大である。故に前期の外周にあたる隅田川、荒川放水路及び綾瀬川の現存堤防にして標高三米六〇に及ばざる個所は總て三米六〇迄増築することゝし、海面に面する海岸堤防も亦同様に其の標高を三米六〇に保つことゝし、尚ほ是等外周の河川及び海面に通ずる河川には總て天端高三米六〇の水門を設置することゝして、この地域を標高三米六〇の周壁を以って圍繞せんとするものである。

又この地域内を縦横に通ずる河川水路の護岸に於ては、嘗て大震災復興事業に際して總て標高三米に築造し併せて内部の宅地は標高二米四〇に宅地造成せられたものであつたが、其の後約十ヶ年を経過したる今日に於ては別図の如き地盤高又は護岸高まで低下したのである。この護岸を總て標高三米まで嵩上し、尚是れ等河川水路に連絡してゐる数十の貯水堀に對しては其の堀の入口に夫々天端高三米の小水門を設置することゝした。斯くてこの内部の土地は總て水面に對して標高三米の周壁を以て圍繞せられるゝことゝなるのである。如上の施設によつてこの地域は三米までの高潮に對しては常に安全であつて、一朝夫れ以上高潮襲来に際会する時は外圍に當

れる各河川の出口の水門を閉鎖して三米六〇までの高潮を安全に防がんとするのである。」

　以上が『都市問題』に掲載された特集「地盤沈下問題と其対策研究」の概要であり、当時の地盤沈下の深刻さと高潮対策の必要性を読み取ることができる。

　西村氏が触れている東京水防計画協議会開催後の都市計画東京地方委員会において、高潮対策事業の執行年度が決定された。「議題百四十号」『都市計画東京地方委員会議事速記録　第七号』では、昭和10年3月22日に「東京都市計畫高潮防禦施設竝同事業及其ノ執行年度割決定ノ件」として、高潮対策実施に関する決定内容が「本所、深川両区及江東方面ハ東京市商工業ノ中枢ヲ為シ急激ナル発展途上ニ在ル地域ナルモ輓近地盤沈下ノ傾向ヲ有シ該方面ニ於ケル低湿地於テハ高潮毎ニ浸水ノ被害ヲ蒙ルモノ甚ダ多ク経済上ノ損失尠カラズルノミナラズ保健衛生上亦看過スベカラズル状態ナルヲ以テ茲ニ高潮防禦施設トシテ本所、深川、向島、城東、江戸川、及荒川各区ノ低湿地方ニ於ケル河川、水路ニ對シ護岸築造、埋立及水門築造ノ計畫ヲ樹立シ昭和九年度及至昭和十八年度ノ十ヶ年度ニ亘リ東京市長ヲシテ之ヲ執行セシメムトスルモノナリ」と記されている。

　明治以降、江東デルタ地帯をはじめとした東京下町低地に立地していた多くの工場において地下水が無制限に利用されていた。大正4（1915）年、内務省陸地測量部により沈下が確認され、大正12（1923）年の関東大地震時前後の測量結果において、江東デルタ地帯の異常沈下が判明することとなった。『地下水面低下に起因する地盤沈下に関する報告』には、関東大震災前後から江東デルタ地帯での床下浸水の発生にともない精密な水準測量が実施されたことで、地盤沈下が確認されたと記されている。このことからも、当時はまだ測量手段によって地盤沈下という現象を把握するに留まり、地盤沈下は地殻変動が原因とする意見もあり、明確な原因究明にまで至っていなかった。戦後、東京都土木技術研究所による地盤沈下地帯の揚水量の概況を把握する調査により、地下水の揚水量と地盤の沈下量に因果

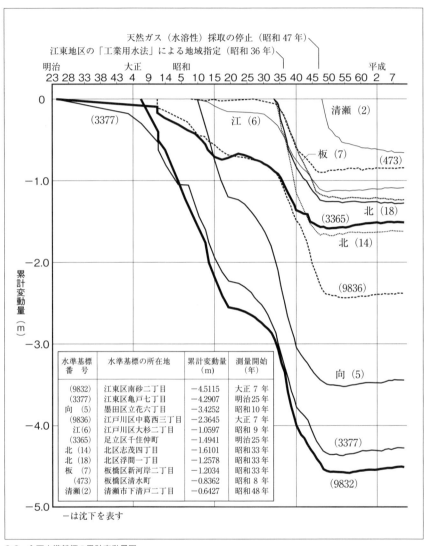

3-3 主要水準基標の累計変動量図

関係があるとの判断が下されたことが記されている。

『平成10年地盤沈下調査報告書』では、昭和に入ると特に低地である本所や深川において地盤沈下が深刻となり、墨田区江東橋では明治45年から昭和

30年までの累計沈下量は約-2.1mであり、江東区北砂町では大正7（1918）年から昭和30年までの累計沈下量は約-2.2mであったことが記されている（3-3）。また、沈下地域が江東区、墨田区に留まらず、千葉県境や埼玉県境にも及んでいるとの指摘がある。そして、水溶性天然ガスの採取停止、さらに工業用水の揚水量の減少によって地盤の沈下量が急激に減少したとの記述がある。

　地盤の沈下量は場所によって異なるものの、昭和初期に年間沈下量が10cmを超える場所もあった。こうした社会情勢下で発生した江東地域の室戸台風による被害が契機となり、東京市による高潮対策が開始された。初期の対策は応急的な事業に留まり、満潮による日常的な浸水を食い止める程度の効果であった。地盤沈下の発生当初は原因が解明されていなかったが、後に揚水が原因であることが判明したことから、地下水の揚水規制による対策も講じられた。戦後経済も復興した昭和30年代になると、高潮対策の恒久化が議論になる。高潮対策の恒久化は昭和34年の伊勢湾台風による被害状況が勘案され、最終的には伊勢湾台風による高潮に対処しうる整備基準が規定され、昭和37年度より事業は実施された。この事業において整備された隅田川や神田川、日本橋川、新河岸川等の両岸にある防潮堤により、地域の安全が担保されてきたわけであるが、一方でこの防潮堤により水辺と暮らしとの関係が疎遠になる要因ともなった。江戸期以来花柳界として有名な柳橋は、防潮堤工事の始まる昭和39年以降水面を楽しむ魅力がなくなり、賑わいに陰りが生じることとなった。舟運需要は激減し、漁や海苔養殖はままならないなど生業の場としての役割を終え、水質汚濁により悪臭を放つ河川や海はもはや地域のお荷物となっていた。加えて、地盤沈下による浸水被害が発生する中、昭和5年に荒川放水路が完成すると、隅田川を部分的に埋め市街地を拡充すべきとの個人的な意見もあったようだ。当時の沿川住民は身長よりも高い防潮堤の建設工事をどのように受けとめていたのだろうか。防潮堤は臭くて汚い河川を隠してくれる有難い存在として受け入れられたのかもしれない。

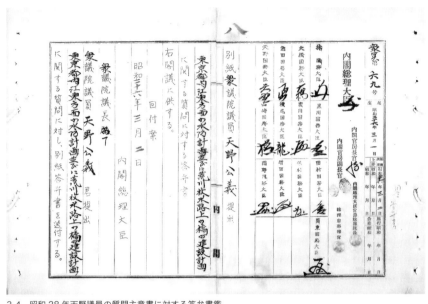

3-4 昭和28年天野議員の質問主意書に対する答弁書鑑

□地盤沈下対策に向けた動向

　地盤沈下が顕著になり浸水被害が著しくなると、地盤沈下の原因究明と対策が講じられた。ここでは、地盤沈下対策に関連した動向を確認したい。

　地盤沈下による浸水被害が著しくなった昭和18年、東京市助役が会長となる「地盤沈下対策協議会」が発足し対策が協議された。戦後には昭和26年東京都知事が会長となる「地盤沈下対策調査協議会」が発足され、小委員会として「地盤沈下調査部会」と「地盤沈下対策部会」が併設された。その後、昭和28年には、前協議会を解消し、新たに知事の諮問機関として建設局担当副知事が会長となる「東京都地盤沈下対策審議会」が発足された。

　こうした東京市、東京都の動向のほかに、地元の国会議員や内閣、衆参両院での地盤沈下に関する動きがあった。日暮里生まれの天野公義衆議院議員は、江東方面の水防や地盤沈下に関連した質問主意書を昭和26年、昭和27年、昭和28年の3ヵ年にわたり提出している。

昭和26年3月2日の「東京都内江東方面の水防計画並びに荒川放水路上の橋の建設計画に関する件」における質問主意と答弁の概要は以下のとおりである（3-4）。

質問主意書（1．東京都内江東方面の水防計画に関する部分のみ）「東京都で江東方面といわれる隅田川附近より以東の地域は、河川に囲まれている土地が多いばかりでなく、低湿地帯も多く、更に地盤沈下の傾向すらある場所である。しかもこの地域は人口の密度極めて高いのに反し衛生施設の見るべきものなく、常に湿気と汚水と水の脅威にさらされているのである。政府はこの地域の住民が安心して生活できるよう、中川の改修、荒川筋の堤防強化、排水機の増設、江東区、江戸川区の水防等の諸問題解決に努力する必要があると思うが、これに関する政府の見解並びにその措置如何。（2．略）右質問する。」と記されている。

答弁書（東京都内江東方面の水防計画に関する部分のみ）「1．江東方面の水害を防止するため、その根本対策として昭和24年度より国庫助成の下に東京都をして中川の改修工事を施行せしめ又国直轄工事として荒川筋の堤防強化を施行する等水防に鋭意努力しつゝあって明年度においても引続きこれが推進を期する考えである。

なお昭和24年度キティ台風により同方面の防潮堤は著しい被害をうけ、災害復旧費のみでは将来防潮の万全を期し難いので政府はこれに助成費を加え改良工事を施行せしめつゝあるから、これが完成の暁には高潮のおそれも消滅するものと考えている。（2．略）」と記されている。

昭和27年2月22日の「東京都内江東方面の地盤沈下対策及び水防計画に関する件」では以下のように記録されている。

質問主意書「東京都内江東方面は至る処河川に囲まれているばかりでなく、東京湾にも面している低湿地帯である。しかも近年地盤沈下の傾向すらあり、同地方は常に高潮と河水との恐怖にさらされている。最近人口の密度極めて高く、諸工場、倉庫等も多く、特にその南部は東京港の一部として発展を見つつあるのである。政府は、常に湿気と水と汚水の脅威にさらされていることから同地方を救い、この地域の住民が安心して生活でき、

同地方が益々発展するよう地盤沈下対策、水防計画を実行する必要があると考えるが、これに対する政府の考え方及び予算的措置如何。右質問する。」と記されている。

答弁書「東京都江東地区に関する地盤沈下の対策については、葛西地区をも含めて、押す事業費36億余円をもって昭和24年度以降災害復旧、災害復旧助成並びに高潮対策事業の名称の下に、国庫の助成により、堤防護岸の強化並びに築造、水門、排水施設の改良強化等を計画し本年度までに約9億円を施行したが、明年度以降においても引続き出来得る限り工事を進める予定である。

なお、完成までの応急対策として東京都においても水防の完璧を期するため、水防計画を一層強化し、目下水防倉庫52棟、空俵約12万俵、水防団員約5千名をもって常時水防活動に従事する態勢を整えている。」と記され水防計画、水防活動に言及されている。

昭和27年の答弁書の最後に触れられていた、水防計画の強化に関して同年6月17日閣議了解された「水防活動の緊急強化に関する件」について触れたい。「建設省　出水期を目前に控え水害防止の態勢を急速に強化する為、全国各地の水防団体（地方団体）に対し水防資材等の緊急整備を図らしめるものとし、これに要する経費の一部を国庫より補助するものとする。右の国庫補助は2億円以内とし、27年度災害復旧費より繰替支出するものとする。」とあり、水防計画強化に対して予算措置がとられた。

昭和28年6月15日の「東京都内江東方面の水防計画に関する件」では以下のように記録されている。

質問主意書「東京都では江東方面といわれる隅田川沿岸より以東の地域は、河川に囲まれている土地が多いばかりではなく、その土地自身が非常に低く、低湿地帯でもあり、更に地盤沈下の傾向すらあるところがある。しかもこの地域は人口の密度きわめて高く、大工場はもとより、中小商工業の多いところであるのに、衛生施設の見るべきもの少なく（例えば下水だけを取り上げても明りょうである。）、住民は常に湿気と汚水と水の脅威にさらされているのである。政府はこの地域の住民が安心して生活できるよう、

中川の改修、荒川、隅田川筋の堤防強化、排水機の増設、下水の整備等をはかると同時に、水防の問題においては江東方面の外郭堤防を建設し、もって江東方面の発展に努力する必要がある。かゝる点について政府の見解並びに予算的措置如何。右質問する。」と記されている。

答弁書「1、東京都内江東、葛飾地区に関する災害の防止計画については、総事業費約51億円をもって、昭和24年度以降災害復旧事業、災害土木助成事業及び高潮対策事業の名称の下に、国庫の助成

3-5　衆議院「地盤沈下対策の促進に関する決議」送付鑑（昭和35年4月19日）

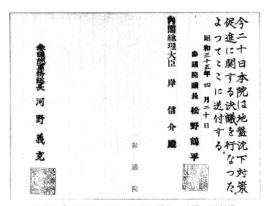

3-6　参議院「地盤沈下対策の促進に関する決議」送付鑑（昭和35年4月20日）

により、堤防護岸の強化、築造及び水門、排水施設の改良強化等を計画し、昭和27年度までに約17億円の事業を施行済であり、昭和28年度においては、とりあえず、暫定予算をもって2億1千万円を充当し、工事の進捗を図っていきたいのであるが、今後ともこれ等予算の増額については、極力努力いたしたい。9億円の事業費により、原堤防にまで増強しつつあり、昭和27年度においては4500万円をもって実施し、本28年度においてもこれが重要性を認め、暫定予算として1460万円を充当して施工中である。（以降省

略)」と記されている。

　このような地盤沈下対策に向けた動きがある最中、昭和34年に伊勢湾台風が襲来した。台風による被害は国会を動かすほど甚大であった。昭和35年4月19日には衆議院において「地盤沈下対策の促進に関する決議」が採決されている（3-5）。

　決議書には「近時わが国産業のおびただしい伸長発展に伴う地下水の大量くみ上げ等に因り、新潟、尼崎、東京、大阪地区等における地盤沈下の様相は、年をおつて顕著の度を加え、ために、不測の災害をかもして、民生を極度に脅かし、他面、正常なる産業活動をい縮せしめる等はなはだ憂慮すべき事態を招来している。政府は、さきに地盤沈下対策審議会を設けて、当面の応急対策を講じてきたのであるが、今なお十全の成果をあげるに至らず、沈下現象は依然として停止に至らない実情である。よつて政府は、事態の深刻化にかんがみ、本問題の抜本的解決を図るため、沈下原因の究明をこれが除去、並びに沈下に伴う災害の防除等につき、すみやかに、関係諸法規の整備、財政上その他助成措置の強化等積極的方途を講じ、もつて施策の万全を期すべきである。」と記されている。

　また、翌日の昭和35年4月20日には、参議院において「地盤沈下対策の促進に関する決議」が採決された（3-6）。決議書には「近代産業の発展に伴う地下水の大量の汲上げ等による各地の地盤沈下は、はなはだ憂慮すべき事態にある。政府はこの情況にかんがみ、大規模な科学的調査をおこうとともに、その原因排除及び対策樹立のための法的措置を講じ、その予算を確立し、対策事業への高率な補助の措置等万全の策を講ずべきである。」と記されている。国会において迅速な対応がとられるほど、伊勢湾台風における被害はひどく、地盤沈下による影響が深刻であったことが理解できる。

□揚水規制

　こうした政治や行政における地盤沈下への対応により、揚水規制の準備が漸次すすめられる一方で、地下水以外からの工業用水の確保が求められた。昭和30年から工業用水施設調査が行われ、昭和35年には三河島・砂町

下水処理場の還元水を利用した工業用水道施設の整備開始とあわせ、揚水規制の取組みが開始された。

『平成10年地盤沈下調査報告書』の地下水揚水規制の経過一覧表（3-7）か

昭和年	工業用水法関係	建築物用地下水の採取の規制に関する法律関係	東京都公害防止条例関係
35			
	36.1.19 江東地区（墨田、江東、荒川区と足立、江戸川区の一部）の地域指定①		<地域⑥> 工業用：15区および24市2町 建築物用：24市2町 <基準⑥> 位置：400～550cm以深 断面積：21cm²以下
		38.7.1 区部14区の地域指定④	
40	41.1.5 江東地区の井戸の転換（北十間川以北）	40.7.1 区部10区（墨田区から江戸川区）の井戸の転換	
	41.6.1 江東地区の井戸の転換（北十間川以南）		
45			45.11.5 公害防止条例改正
	46.5.15 江東、城北地区に新基準②		46.2.1 量水器設置と揚水量の報告義務づけ
	47.5.1 荒川以東の江戸川区の地域指定③	47.5.1 既指定区部の許可基準強化⑤	47.4.1 地下水の規制地域指定⑥
			47.7.1 天然ガスかん水の揚水自主規制（25％削減）
	48.9.1 江東地区の井戸の転換（新基準適用分）	49.5.1 既指定区部の井戸の転換（新基準）	47.12.31 天然ガス採取の停止（鉱業権の買収）
50	50.4.1 江戸川区（荒川以東部）の井戸の転換（新基準）		50.4.1 地下水使用合理化要請（1,000m³/日以上）
	<基準①> 位置：100～250cm以深 断面積：46cm²以下	<基準④> 位置：100～250cm以深 断面積：46cm²以下	
	<基準②> 位置：550～650cm以深 断面積：21cm²以下	<基準⑤> 位置：400～650cm以深 断面積：21cm²以下	53.11.1 地下水使用合理化要請（500～999m³/日以上）
55	<基準③> 位置：650cm以深 断面積：21cm²以下		56.3.26 地下水使用合理化要請（250～499m³/日以上）

※「基準」：工業用、建築物用では許可基準、都条例では規制基準。
※「位置」：地表面からストレーナー（有孔管）の位置。
※「断面図」：揚水管の吐出口の断面積。
※既設井戸の転換の日付は法律上の「強制転換の日」を示し、その前日までに既設井戸が廃止される。
※昭和61年以降は特筆すべき揚水規制はない。

3-7　地下水揚水規制の経過一覧表

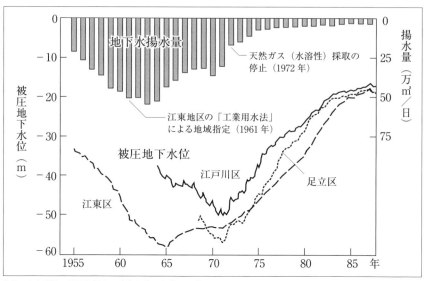

3-8　東京低地の地下水揚水の変化と地下水位の回復

らは、規制の枠組みが、工業用水法関係、建築物用地下水の採取の規制に関する法律関係、東京都公害防止条例関係によって規制されたことが分かる。昭和36年江東地区（墨田・江東・荒川区と足立・江戸川区の一部）が「工業用水法」による地域指定などの実質的な揚水規制が開始された。昭和40年には建築物用地下水の採取の規制に関する法律にもとづき、昭和41年には工業用水法にもとづき、江東地区における井戸から工業用水道への転換が図られた。また、昭和47年には東京都公害防止条例関係にもとづき、水溶性天然ガスの採取停止が実施されるなど地下水使用が規制された。揚水規制の開始後の昭和40年代には地盤沈下は沈静化し、昭和50年代には一部で地下水の上昇傾向が生じるようになった（3-8）。新潟、東京、名古屋、大阪、尼崎、川崎、西宮、川口の都市による地盤沈下対策都市協議会が結成されるほど、地盤沈下が全国的な社会問題であった。

□大阪の地盤沈下

　大阪の地盤沈下は、昭和３年の旧陸軍陸地測量部による指摘で認識が深

められた。昭和4年から昭和18年の間に最大1.9m沈下した大阪では、地盤沈下の進行をそのままにして、戦災復興をすすめることが難しい状況にあった。

　昭和21年、運輸省港湾局と大阪市港湾局において大阪港復興計画を策定するにあたり、大阪港湾技術調査会を結成し地盤沈下の研究を実施した。昭和10年から昭和39年までの地盤の累計沈下量は、大阪市此花区島屋町で約-2.5m、西淀川区大野町で約-2.3m、福島区海老江中2丁目で約-1.7mであった。大阪市内における地盤沈下により、ビルの抜け上がりや排水不能、橋梁沈下による通船不能などの恒常的な被害が生じた。

　当時の大阪市港湾局長の堀威夫氏は、「臨海地帯一帯は著しい低地と化し地盤高は当時満潮位以下にあり、辛うじて応急防潮堤により海水の浸入を防止している有様で、度々浸水事故を繰返し、交通・産業・衛生・住居の上に一大支障となって居り、殊に之等の地域を原動力とする大坂港にとっては、将にその存立にも及ぶ問題である。」と述べている。

　『大阪の地盤沈下に関する研究』(注26)では「地盤沈下地帯は港湾地帯全区域に亘って居り、年数回定期的に高潮の被害を蒙っている実状がある。この問題を解決しなければ、大阪港の復興は考へられない。（中略）大阪の地盤沈下の問題は大阪港否大阪全体に対して重大な問題となって居り、昭和21年秋頃は、戦災復興院総裁の「大阪放棄論」さへ飛出して物情騒然たるものがあった。」と記され、当時の大阪における地盤沈下の深刻さが理解できる。

　昭和25年のジェーン台風や昭和36年の第二室戸台風による高潮災害を受け、臨海部において土地利用が放棄されるに至った場所もあった。地下水の揚水規制や工業用水道建設などの対策により、昭和38年以降に地盤沈下は急速に鈍化することで現在に至る発展が遂げられた。

4
水害と高潮対策

水辺は東京下町低地の暮らしの身近にあり、生活を支え、豊かさをもたらしてくれる有難い存在であった。しかし、戦後復興以降の産業が優先された世の中にあって、水質汚濁が目に余るほどひどくなり、生業としての漁や舟運などが衰退すると、水辺は暮らしから遠い存在となるだけではなく、ごみが平気で投棄される場所になってしまった。しかも、地盤沈下による浸水被害が多発することで、水辺は暮らしを脅かす存在へと転身してしまった。転身したと記したが水辺が変わったのではない。人間が引き起こした水質汚濁や地盤沈下によって、水辺と暮らしの関係が変えられてしまったのである。ここでは、地盤沈下対策である高潮対策が水害を契機に展開した経緯を確認したい。

4-1　室戸台風と応急的な高潮対策

□室戸台風による被害

　昭和9年9月21日早朝、大阪や京都を中心とする近畿一帯を台風が襲った。後に室戸台風と呼ばれるこの台風の威力は、近代以降最大とされていた大正6年に関東方面を襲った台風以上であったため、近畿における被害は激甚をきわめた。東京下町低地一帯は14時頃から暴風に包まれ、満潮を迎える17時頃までには各所で浸水被害が発生していた。

　翌日の読売新聞には「京阪大暴風の惨害　受難！産業都市大阪疲弊　被害総額五億円を突破」との見出しがある。また、同日の東京朝日新聞には京阪の被害状況とともに、江東方面を含む関東地方に関する記事には速報値ではあるが被害状況が載せられている。東京全市とその近郊の被害として死者5名、負傷者数33名のほか、住宅倒壊28戸、非住家倒壊723戸、煙突倒壊57本、砂利運搬船の沈没63隻、床上浸水家屋は754戸に及んだ。

　室戸台風が強烈極まる威力ではあったが、近畿に上陸した台風により区域の4分の3が浸水した深川区の住民の怒りは、行政へと向けられた。深川区の町会有志や議員、東京市の土木担当課長らによる協議会において、浸水被害の対策等について激論が交わされた。町会長として協議会に参加し

ていた菊地山哉氏は著書『沈み行く東京』(注27)の中で、協議会のようすを記すとともに、地盤沈下による浸水が年中行事であるとしている。区画整理において整備された水防道路によって浸水対策が講じられたにもかかわらず、頻繁に浸水が生じていた状況をいい表しており、東京下町低地における高潮に対する脆弱ぶりが理解できる。当時、高潮災害が地盤沈下に起因するとの認識が持たれておらず、浸水被害の原因さえ言及されない協議会に対して地元住民の不安は募るばかりであっただろう。この協議会での議論を経て、深川区民有志は東京市へ水害対策の陳情を行った。

□応急的な高潮対策

昭和9年に東京で高潮対策が開始されたことは『高潮防禦施設計畫説明書』(注28)において確認することができる。この報告書冒頭では江東方面の地盤沈下についての現況が以下のように記されている。

「東京市江東方面ハ一帯ニ従来ヨリ地盤低下ノ傾向ヲ有シ陸地測量部ノ調査ノ結果ニ基キテ其ノ著シキモノ、一例ヲ擧アグレバ最近14年間ニ深川區東平井町ハ1米ニ、本所區江東橋三丁目ハ0米87ノ低下ヲ來セリ。‥‥‥」

このほか、地盤沈下が生じている地域において、高潮による浸水被害の現況について「高潮防禦施設施工區域ヲ土地ノ発達状況並ニ地盤低下ノ傾向等ヲ考慮シ之ヲ二種ニ大別ス。」として、計画区域の種類を2つに分類している。

ひとつの区域は、荒川（現隅田川）と荒川放水路（現荒川）、綾瀬川によって区画された当時の深川区、本所区、城東区、向島区、江戸川区の一部にあたる区域である。この区域は、従来から商工業の集積があり、人口密度も高いにもかかわらず、地盤沈下の著しい傾向が指摘され、この区域の外周に天端高 A.P.(注29) ＋3.6mの護岸堤防・水門を整備する高潮対策が示されている。また、区域内の河川についても天端高 A.P.＋3.0m以上の護岸を整備するとともに、多数の貯木場入口に高さ A.P.＋3.0mの水門を設け、平時には A.P.＋3.0mまで、異常時には A.P.＋3.6mまでの高潮に対応するとしている。

もうひとつは、前述した以外の浸水区域で、江戸川区の大半、足立区、荒川区の一部にあたる。この区域は商工業は繁栄しているものの、前述した区域に比べると人口密度や地盤沈下の程度が低いとし、天端高A.P.＋3.0mの護岸堤防の整備と河川水路入口に高さA.P.＋3.0mの水門を設置し対応するとしている。

　当時の高潮対策はそれまで木杭などで土留めをしていた部分に、日常的な潮の干満において浸水しないように応急的な護岸を整備する程度の対策であった。

　その後、昭和14年に東京府によって『東京都市計畫　高潮防禦施設及河川改修計畫概要』(注30)が示された。「護岸堤防ノ修築並河川ノ改修計畫ヲ樹立シ、東京市長執行ニ係ル高潮防禦施設ト相俟テ事業ヲ遂行セントスルモノナリ、本計畫ヲ分チテ高潮防禦施設計畫ト高潮防禦施設及河川改修計畫ノ二トス、」との計画概要が記されていて、従来の高潮防禦施設計画に加え、高潮防禦施設及び河川の改修に触れられ、計画を補強する内容となっているが、戦渦が拡大する時代を迎え、高潮対策は停滞することとなる。

　戦後、第一次高潮対策事業が一般高潮防禦事業、災害土木助成工事として開始されることとなる。第一次高潮対策事業に関連し『高潮防禦の歩み　第1集』(注31)、『東京高潮対策事業概要』(注32)、『東京都政五十年史　事業史Ⅱ』(注33)、『東京の低地河川事業』(注34)といった報告書を確認することができた。これらの報告書はそれぞれ文章のいい廻しなどに微妙な食い違いがあるため、比較的記述が明確であった『東京高潮対策事業概要』をもとに、第一次高潮対策事業の概要を示すこととする。

　東京高潮対策事業について「昭和21年以降（終戦後）も、資材、労力、財政等あらゆる困難にあいながら、護岸の脆弱箇所を補修していたが、昭和24年8月31日に襲来したキティ台風はA.P.＋3.15mとまれにみる異常高潮をもたらしたので、江東、葛西方面の堤防、護岸がいたるところで破壊され大惨害を蒙るにいたった。このため、とくに被害のはなはだしかった江東、葛西地区につき、東京都では、昭和24年度から建設省における「災害

土木助成工事」の認証を受け「災害復旧工事」とあわせて高潮防禦工事を実施し、昭和31年度に完成した。

　(中略)さらに、ときを同じくして、隅田川、綾瀬川などについては、低地対策事業の一環として「一般高潮防禦事業全体計画」を昭和25年度に樹立し、事業費15億8,500万円をもって、護岸延長65,413m、水門5箇所を修復し、昭和32年度に完成した。これらの防潮工事を第一次高潮対策と称しており、都内主要河川の堤防、護岸は、葛西海岸堤は A.P.＋6.00〜5.00m、砂町海岸堤は A.P.＋5.00m、旧江戸川筋は A.P.＋5.00〜4.50m、中川筋は A.P.＋5.00〜4.00m、隅田川筋は A.P.＋4.00m、江東デルタ地帯内部河川筋は A.P.＋3.60mの高さで修復され、キティ台風程度の高潮には一応対処しうることとなった。」と記されている。

　第二次高潮対策事業についても、『東京高潮対策事業概要』によりその概要を確認したい。『東京高潮対策事業概要』では「(第一次高潮対策事業によって、)キティ台風程度の高潮には一応対処しうることとなった。しかし、その後の地盤沈下による護岸天端の沈降がはげしく脆弱化した江東デルタ地帯では、恒久的な防潮対策が必要となり、大正6年既往最大の高潮位 A.P.＋4.21mに対処すべく、昭和32年度から第二次高潮対策事業として「外郭堤防修築事業」が実施された。この「外郭堤防修築事業」は江東区、墨田区、江戸川区の一部を包括する江東デルタ地帯の隅田川左岸、および海岸線の延長18kmにわたる堤防、護岸、水門などをあらたに築造し、荒川の既設右岸堤と結んで既往最大の高潮に対処するものとした。この事業費は当初75億円で昭和32年度に着工され、隅田川沿いを東京都建設局、海岸線を東京都港湾局が、それぞれ分担し施行することとした。」と記されている。

　第一次高潮対策事業ではキティ台風と同程度の高潮に対処できる計画内容であり、第二次高潮対策事業では恒久的な対策を念頭におき、大正6年既往最大の高潮位に対処できる計画内容であった。高潮対策は全国各地における高潮災害や過去の高潮災害を鑑み、計画内容が変更されていたことが分かる。

4-2　伊勢湾台風と高潮対策の恒久化

　昭和34 (1959) 年伊勢湾台風により中部地方に甚大な高潮災害が生じた。9月26日18時過ぎに潮岬に上陸した台風は中心気圧が925hPa、最大速度60m/s、風速25m/s以上の勢力であった。上陸時の最低気圧で比較すると、昭和9年の室戸台風919.9 hPa、昭和20年の枕崎台風916.6 hPaに次ぐ記録的な大型台風であった。台風が名古屋の西側を通過したことにより最大強風域が伊勢湾に集中し、21時30分頃に名古屋で最高潮位T.P.[注35]＋3.89mを記録した。

　大正10 (1921) 年の台風による名古屋港の既往最高潮位T.P.＋2.97mを上回る異常潮位となったため、河口付近の堤防は220ヶ所において決壊、貯木場からは木材が溢れ出し市街地を襲ったため死者は5,098名にのぼった。伊勢湾台風の被害状況を受け、建設省河川局では伊勢湾等高潮対策協議会を同年11月に設置し、関係部署の調整を図るとともに、地区別の高潮堤防（防潮堤）に関する計画方針の検討を行った。

　『高潮対策事業計画書』[注36]によると、「工事施工中昭和34年9月名古屋地方を襲った伊勢湾台風に鑑み、後述の新高潮対策事業の計画を取り入れ、総事業費は117億3800万円に変更された。建設局関係の工事については、大島川水門、油堀川水門、仙台堀川水門、源森川水門および新小名木川閘門、竪川閘門のうち前面水門それぞれ完成し、昭和35年度からは新堤防護岸工事に着工、昭和37年度をもって一応大正6年高潮程度に対処できる施設が完成する予定となっている。」と記されている。伊勢湾台風による災害は東京の高潮対策に影響を及ぼし、緊急3カ年計画をはじめ以降の計画・事業が展開された。

□伊勢湾台風後の緊急的対策

　伊勢湾台風以後、東京都では伊勢湾級台風の対処策が検討され、事業の実施が図られようとしていたが、地盤沈下が進行している江東地帯等への対処は緊急を要すると判断された。『東京都政五十年史　事業史Ⅱ』では、

「緊急3カ年計画（38〜40年度）を策定し、江東デルタ地帯等の外郭堤防の整備を促進することとした。」と記されている。

　また『東京高潮対策事業概要』では「年々沈みゆく「江東三角地帯」の現状をまのあたりにして、いつ襲来するとも知れない高潮から、低地に住む都民の人命、財産、公共施設などを早急にまもるべく「緊急かつ重点的」に施行計画を策定し、本事業を促進することとした。すなわち、地盤沈下により防潮護岸および堤防の機能が著しく低下し、高潮の影響を強く受ける満潮面以下の低地地域と港南地区の一部については、昭和38年度以降3カ年で伊勢湾台風級の大型台風がもたらす高潮に対処しうるよう防潮堤を建設することとなった。」と記され、対象区域は江東三角地区として隅田川岸（隅田川水門下流）、月島晴海地区として月島、荒川以東地区として中川左岸（綾瀬川合流点下流）、旧江戸川（今井水門取付部下流）、葛西海岸、北千住地区として隅田川左岸（隅田水門〜荒川放水路堤防接触点）、南千住地区として隅田川右岸（山谷堀〜常磐線）、港南地区として目黒川、立会川、内川、呑川、各河川下流の一部とされている。

　「この計画にのっとり建設局では、昭和38年度以降緊急3カ年計画額として、事業費約147億円をもって工事中であるが、これにより建設省、東京都港湾局施行の防潮護岸および堤防とともに、その機能が一段と飛躍し、充実することになった。」とも記されている。東京高潮対策事業（新高潮対策事業）、東京港高潮対策事業の報告書からは、危険度が高く、緊急性を要するものを緊急3カ年計画と位置づけたことが理解できる。

□高潮対策の恒久化

　先に触れた『都市問題』の特集「地盤沈下問題と其対策研究」では、西村都市計画東京地方委員会事務官は「東京水防計畫協議會に就て」の中で、地盤沈下対策は関係官庁や部署が個別に方針や事業をすすめるべきではないと指摘し、都市計画東京地方委員会において関係者が一同に集まり議論できる東京水防計画協議会を組織した旨を記している。地盤沈下への対策としての高潮対策は、まさに関係機関により総合的に対処すべきであると

考えるが、伊勢湾台風の緊急対策を境にして河川行政と海岸行政において気になる動向がある。以前は国と東京の河川行政、海岸行政（当時は港湾行政）におけるそれぞれの計画や事業がひとつの報告書にまとめられ、報告書の作成は河川行政が担当していた。昭和31年の海岸法公布や伊勢湾台風の緊急対策以降は河川行政、海岸行政それぞれで報告書が作成されている。そのため、以前は河川や海岸における高潮対策の事業概要を示す地図は1枚にまとめられ作成されていたが(4-1)、現在では個々に作成されているため計画全体が理解しにくい。事業計画図などは些細な問題かもしれないが、報告者や地図が個別に作成されるようになった動向が高潮対策における河川行政と海岸行政との関係性の表徴でないことを祈るばかりである。

　話がそれたが、伊勢湾台風による高潮災害は当時の東京下町低地の住民にとって肝を冷やすできごとではなかっただろうか。行政においては建設省河川局が伊勢湾等高潮対策協議会を設置したり、東京都では河川、海岸における高潮対策に緊急3カ年計画を実施していることからも、伊勢湾台風の影響の大きさを知ることができる。こうした社会情勢において応急的な高潮対策への不安が高まり、第二次高潮対策事業では高潮対策の恒久化が盛り込まれ、伊勢湾台風による高潮災害を鑑み東京高潮対策事業（新高潮対策事業）として本格的な恒久化事業が開始され、後に高潮防禦施設整備事業として展開される。

　『東京高潮対策事業概要』では、「（外郭堤防修築事業実施後）さらに高潮の被害が予想される隅田川、旧江戸川、中川などの各河川に対し事業計画を策定したが、たまたま昭和34年9月26日名古屋地方を襲った伊勢湾台風の規模と、その被害の甚大なるにかんがみ、既定計画を改訂増補し、あらたに「東京高潮対策事業」の一環として、低地における堤防や護岸を伊勢湾台風級の大型台風がもたらす異常高潮に対処しうるよう東京高潮対策事業計画が確立された。」と記されている。

　新高潮対策事業計画について『高潮対策事業計画書』では以下のように記述されている。「昭和34年9月、東京地方に襲来した台風第22号は、開都以来という豪雨（連続降雨量402.2mm、1時間最大76mm）による大水害をも

たらし、これに鑑み建設局においては水害対策に再検討を加え新治水事業計画を樹立し、同年12月「東京都の河川の現況と将来」と題し河川白書を発表した。この治水計画のうち、低地の地盤沈下対策としては、施行中の外郭堤防修築事業の早期完成、外郭堤防区域外で地盤沈下のため低くなり、また何回かの嵩上げで今後は危険視される護岸堤防を本格的なものにする堤防、護岸修築事業の着工、排水場新設増強事業の推進等が重要視されることになった。

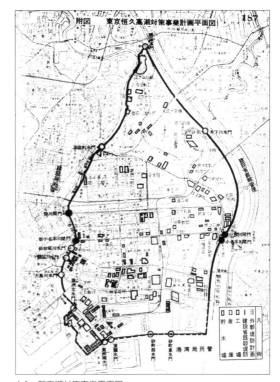

4-1　新高潮対策事業平面図

また、地盤沈下の根本的な防止対策としては、工業用水としての地下水の過剰汲揚げを中止する必要があるが、これに代替する水源としての河川水、上水の使用は現在の本都の実情からみて利用度が極めて薄いので、ここに下水処理場の高級処理水を水源とする工業用水道計画が樹立され、水道局が本事業を実施中である。」

基本計画としては「先般、名古屋地方に大水害をもたらした伊勢湾台風は、まれにみる猛威をもって本土に上陸したが、このような台風が東京を襲った場合を考慮するときは、本都低地は計りしれない大災害が予想され、高潮対策計画は全面的な改定が必要と思われるので、『伊勢湾台風と東京都』につき種々検討を行い、ここに新たな高潮対策事業計画を樹立するこ

ととした。」と記されている。

　また、計画方針として「高潮堤防護岸の計画天端高は、計画高潮位（天体潮位＋気象潮位）に計画波高及び余裕高を加えた高さを対象とする。地盤沈下については量的に未確定要素が多く、地域ごとにまた施工年度によっても異なるので、計画天端高には含めず施工計画上の問題とする。」と記されている。

　実施計画の計画方針、計画内容には「地盤沈下により低地で高潮災害の最も著しく予想される地域から実施する方針とし、その施工は一挙に最終計画高まで行わず、暫定的な高さで広範囲に実施する。計画の対象は建設局の所管する河川、河川とし、全体計画の実施については、昭和37年を初年度とする同42年までの6ヶ年計画で、同40年度までに被害の特に予測される各河川の河口に連なる下流部を緊急施工計画をもって実施するもので、（中略）また、荒川放水路については建設省が直轄施行し、東京港港湾区域内の海岸線の施設については都港湾局が担当している。」としている。

　第二次高潮対策事業における高潮対策の恒久化という精神が、新高潮対策事業計画に反映され、伊勢湾台風による未曾有の高潮災害に対処しうる計画へと補強された経緯が分かる。

　昭和37年度から着手された東京高潮対策事業（新高潮対策事業）が高潮防禦施設整備計画として本格的な恒久化に向け引き継がれた。『東京都政五十年史　事業史Ⅱ』には「東京高潮対策事業は、37年度から着手され、多摩川から旧江戸川に至る臨海部とそれに連なる河川に、建設省と都建設局および港湾局が分担して、防潮堤、護岸、水門、排水機場の建設を行った（隅田川は50年度にほぼ完成）。」と記されている。

　江戸の河川は全国的な物流網の一端を担い、江戸の需要を支え、地場産業の興隆に寄与しただけではなく、日常生活に根付いた文化とも関わっていた。物流としての舟運や漁業、木場といった生業において、両国花火、船渡御や海中渡御などの年中行事や祭事において、また船遊山などの遊興において、夕涼みやつりなどの日常生活において、沿川住民と河川とのかかわりは深かった。また、広重の江戸名所百景「小奈木川五本まつ」や「柳

しま」など風光明媚な水辺が名所として認識されていた。松尾芭蕉が新大橋付近の大川沿いに住居を構えていたことを考えると、当時の水辺は芭蕉の豊かな感性を刺激する魅力があったとも理解することができる。

　一方で洪水や高潮には弱く水害に悩まされていたため、大水の際に橋や護岸を破壊する流木を処理するなどの水防活動も江戸庶民に身に付いていた取組みであったといえよう。暮らしと河川の関係に変化が生じたのは明治以降である。新政府による殖産興業の国是において、近代化を牽引する工場が必要となり、江東デルタ地帯をはじめとする隅田川沿いには、多くの工場が立地した。舟運の利便性に加え、下屋敷跡などの広大な敷地、容易に地下水が確保できることが、工場立地には適していたためで、明治期の水辺は料亭が建ち並ぶ遊興空間と産業施設が共存する場所となり、臨海部においては軍事関連施設が点在する状況が誕生し、時代がすすむにつれ産業関連の施設が多くなり、水辺は沿川住民の日常生活から少しずつ離れる存在となった。特に、戦後の高度経済成長期には、河川や海の水質汚濁、舟運需要の減少などにより暮らしにおいて水辺への関心が薄れた。昭和37年度から着手された防潮堤事業により市街地と河川との関係性が物理的に絶たれ、水辺活用は急激に衰退したと捉えることができる。

　『東京の低地河川事業』では「この事業（東京高潮対策事業）は、（中略）平成17年度末までに、防潮堤及び護岸の全体計画延長168kmのうち92％が整備されており、このうち、隅田川、中川、旧江戸川など、特に地盤の低い地域の河川については概成しています。」とし、事業の効果として「平成13年9月11日に東京地方に台風15号が上陸しました。このときの潮位はA.P.＋3.15mであり、これは浸水戸数13万戸以上、死傷者122人をもたらした昭和24年8月のキティ台風とほぼ同じ潮位でした。しかしながら、特に危険とされる主要河川の防潮堤が概成していたことにより、河川の氾濫による被害はありませんでした。また、もし高潮の防潮堤や水門の整備が充分でなかった場合は、図の赤い範囲が浸水し、甚大な被害が発生したと想定されます。」と記されている。想定された被害としては、氾濫面積が174k㎡、被災人口は約260万人、被災家屋は約110万戸、被災事業所は約20万

事業所、被害額は約40兆円、影響を受ける地下鉄が9路線であると記されている。東京高潮対策事業により整備された防潮堤は東京下町低地の安全性を担保しているとの内容である。防潮堤が工事されている時代の河川は、汚く臭い遠ざけたい存在であり、生業の場としての価値も失っていたので防潮堤は水辺を遮蔽してくれる有難い存在でもあっただろう（4-2）。

□江東内部河川

　『東京都政五十年史　事業史Ⅱ』には「江東三角地帯は軟弱な地盤に覆われた地域であり、さらに地盤沈下もあって、大部分が満潮面以下、特に東側は干潮面以下となっている。都はこの地域を関東大震災級の震災から守るため、江東内部河川整備事業を実施し、安全な護岸を整備するとともに、環境に配慮した河道整備を行うこととした。事業化にあたっては昭和46年3月の江東防災総合委員会（建設大臣の諮問機関）の答申を踏まえて行うこととし、実施にあたっては、地形や河川の利用形状等を勘案して、耐震護岸方式と水位低下方式および埋立方式の組み合わせにより、国の補助事業として整備することとした。

　具体的には、江東三角地帯をおおむね東西に二分し、地盤が特に低く舟航の利用も比較的少ない東側の河川については平常水位を低下させる水位低下方式により河道を整備し、地盤が比較的高く河川の利用も多い西側については耐震護岸で整備することとした。また、埋立てまたは緑道化による環境整備も行うこととした。東側の河川については、46年度から事業に着手、53年12月には第一次水位低下により水位 A.P.0mに低下された（さら平成5年3月には、第二次水位低下により A.P.－1mに低下させ水位低下が完了した。）一方、西側の河川は47年度から耐震護岸（区間延長10.5km）等の工事に着手した。その後、この地域の地盤沈下が鎮静化するとともに、水と親しめる水辺環境づくりが求められるようになった。

　こうした変化を背景として平成元年1月に設置された江東内部河川整備計画検討委員会（委員長　山口高志（財）河川情報センター理事・河川情報研究所長）の同年3月の報告にもとづいて事業計画を見直し、東側河川の河道

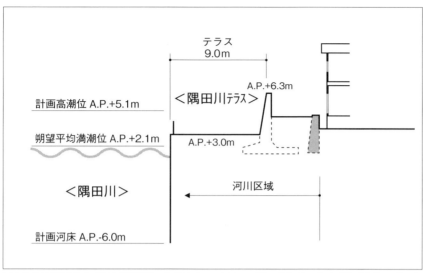

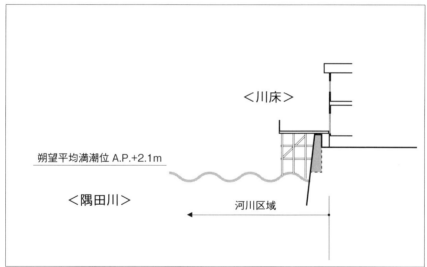

4-2 隅田川の防潮堤（上図：恒久的防潮堤整備後、下図：応急的防潮堤）

整備延長13.6kmについて常時水位 A.P.－1m（当初計画 A.P.－3m）に変更、また、西側河川については耐震護岸区間をさらに12.6km追加して整備することとした。」と記されている。

□ 河川行政における高潮対策の経緯

『都市問題』において高木東京市河川課長が「東京市江東方面高潮防禦計畫」の中で、高潮対策としては適切な標高まで盛土することが理想的な最善方法であるとしながら、市街化がすすんでいる状況では不可能であると指摘している。そして、江東デルタ地帯の外周を高さ3.6mの防潮堤と水門で囲う防潮方式を応急的な高潮対策施設として整備すると記されている。

高潮対策事業においてその内容を確認すると、昭和9年の「高潮防禦施設計畫説明書」において、高木氏が指摘する内容が明記されている。つまり、高潮対策は深刻化していた地盤沈下対策として開始され、その防潮の考え方は当初から堤防方式であったことが確認できる。高潮対策の変遷については、昭和9年より着手された高潮防禦施設計畫により、堤防方式の考え方による応急的な地盤沈下対策が開始された。戦後の高潮対策においても対処すべき課題は地盤沈下対策であり、昭和24年度〜昭和32年度の第一次高潮対策事業は、昭和24年のキティ台風級の高潮（A.P. +3.15m）に対処できる整備水準を目標とした事業であった。大正6年には既往最大の高潮位がA.P. +4.21mであったことを考慮すると、第一次高潮対策事業は応急的であったと理解することができる。

昭和32年度より着手される第二次高潮対策事業は、大正6年の既往最大高潮位のA.P. +4.21mに対処できる整備水準を目標とした事業であり、高潮対策の恒久化が図られたと判断することができる。昭和34年の伊勢湾台風による被害状況から、新高潮対策事業計画をもとに伊勢湾台風級の高潮（最大A.P. +5.1m）に対処できる整備水準の高潮対策が着手された。その後、伊勢湾台風級の高潮に対処できる整備水準を目標にして、対象範囲の拡大や耐震化の促進によって安全性の確保を図り現在に至っている。

□ 海岸行政における高潮対策の経緯

『東京港高潮対策事業概要』[注37]において、外郭堤防修築事業（恒久高潮対策事業）から東京港高潮対策事業実施までの経緯を確認することができる。

「漸増する地盤沈下と併行して護岸も年々沈下し、その間数次にわたり嵩

上げしてきたが、もはやこれ以上の嵩上げは不可能となり、恒久的な防潮施策が必要となった。このため、昭和31年に既往最高の高潮A.P.＋4.12m（大正6年10月）を対象とした「恒久高潮対策事業」（総事業費75億円）を計画した。（中略）しかし、たまたま工事施工中、昭和34年9月伊勢湾台風が名古屋地方に襲来し、周知のように当地方は甚大な被害をこうむった。この経験により、既定計画を急きょ改定することになり、あたらに「東京港特別高潮対策事業」を立案し、対象区域も東京港全域に拡げ伊勢湾台風級の高潮から完全に防護することになった。

この計画にもとづき、最も危険度の高い江東地区、月島・晴海地区と工事をすすめ、昭和40年度に一応これら地域の完成をみたが、引続き港南地区、及び港地区を実施している。これと併行して、昭和39年6月新潟地方におこった新潟地震が港湾区域内のほとんどの護岸を決潰したことから、高潮対策事業の一環として昭和41年度から江東地区内部護岸の建設工事を実施している。」と記されている。

東京都港湾局では、伊勢湾台風のあった3ヵ月後の12月には、運輸省及び港湾局をメンバーとした「東京港対策連絡協議会」を発足させ、基本計画を策定した。

港湾局所管分の高潮対策計画であるとのことわりを前文には、①伊勢湾台風級の台風を東京湾において想定した場合の気象・海象条件に対して既成市街地を防護する、②地盤沈下対策、予警報組織の確立、水防体制の完成、高潮時の避難を考慮した都市計画の推進等が高潮対策事業と併行して実施されることを施設計画の前提とする、③防災施設は、都市及び港湾の機能に障害を与えないようにその法線を選定する、④外郭堤防で囲まれた地域の降雨による内水排除はポンプによりおこなう、⑤材木は貯木場に隔離収容することを原則とし、当面の流木防止対策として既設貯木場の施設整備と併せて仮けい留木材の結束強化をはかる、⑥都市、道路、河川、下水道、港湾等の将来計画を充分考慮して、防災計画の範囲、方式、法線、施行年次等を決定する、といった6項目が計画方針として示され、高潮対策の恒久化に向けた検討がすすめられた。

5
もうひとつの高潮対策計画

5-1　東京都議会の対応

　高潮対策は戦時中は中断されていたが、戦禍により経済活動も休止状態であったことから地盤沈下も沈静化していた。しかし、戦災復興を目指し経済活動が再開されると、皮肉なことに再び地盤沈下が顕著となった。カスリーン台風は地盤沈下が再燃した東京下町低地を襲った。利根川の栗橋周辺で破堤し、荒川放水路東側の足立区、葛飾区、江戸川区において甚大な浸水被害が生じた。

　戦後の混乱期に発生したカスリーン台風による被害を受け、治水に対する早急な対処を切望する東京都議会が中心となって『東京都総合治水計画』(注38)をとりまとめた。変形Ｂ５判わら半紙のガリ版刷りで総頁数29頁の報告書は、今からすると粗末な印象を受けるが、その内容には留意すべき点がある。

　総説において「昭和22年9月13日より15日に亘り関東一体に来襲した「カスリーン」台風に因る未曾有の惨害によって、漸く忘れかけてゐた治水問題が一般に再認識されてきた。治水問題の重要且つ困難なことは今更述べる迄もない。中国に於ては遠く夏の時代に禹王が黄河の治水に奔走し「八年外に在りて三たびその門を過ぎれども入りて家人を見る暇がなかった」ということが見えてゐる。之は今も昔も治水が如何に困難であるかといふことを物語るものである。勿論我國に於ても心ある識者の間には國家百年の治水対策樹立の必要が常に説かれてゐた。然し長い間の戦争により、或は財政的の理由等で為政者も世人も何時しか関心が薄らいでしまった。「災害は忘れた頃に来る」と云う諺そのままにやってきた。これこそ人間の無自覚に対し大自然が下した無言の警告であったであろう。

　（中略）東京都に於ては斯かる現状に鑑み都議会が中心となって、昭和23年9月30日東京都治水協会を結成し、積極的に治水対策の調査、研究並にその実施を強力に推進することヽなった。以来治水協会は活発な運動を展開して関係各縣と提携し、國会に、或は政府に対して陳情、献策する一方、総合治水計画を樹て之か早急実施を期しつヽある次第である。」と地勢の概

況や水害の歴史、河川改修の現況を整理したうえで、事業計画の概要をまとめている。

　高潮防禦施設事業では「江東区域及び蒲田方面の低湿地帯は常に高潮襲来の脅威に曝されてゐる。之を防除するため海岸堤を始め、東京港とを結ぶ動脈である市内枝川及び新な構想による運河幹線とに区廊された外周線に幅員20米、天端高零点上4米及至5米に堤防を囲らすと共に水門を設置して高潮侵入を防止するものである。」と河川の堤防、水門の整備に加え、蒲田海岸線、城東海岸線、南葛海岸線の堤防や水門の整備も計画している。

　事業完成後の効果として、治水や利水による利益にも触れている。運河改修による貨物輸送の増大や、改修前との比較における貨物運賃の軽減のほかに所要時間の短縮など都民が享受する利益の概略として、運河の貨物輸送能力増大量として年間155トン、貨物運賃の年間軽減額は372,000,000円、曳船通船による年間利益は34,200,000円で、合計として406,200,000円の利益があると記されている。この計画は理想案としながら、砂防事業、河川や運河改修及び高潮防禦施設を必要とする対象河川は90に達し、排水場の設置箇所71ヶ所、水路改修の区域は10数区で延長10万ｍに達し、総経費500余億円に上るとの試算が示されている。

　財政状態からは事業の実施は困難であるが、財政上の理由によって事態を軽く判断し治水に関する事業を放っておくことはできないと記されている。財政上からは治水事業の実施は難しいが、東京都議会として何とか水害対策を推進しなくてはならないほど事態は切迫していたことが分かる。

　そして報告書では「吾々は理想案をもち、更に夢をもってこれを実現すべくたゆまず努力を続けるものである。尚本計画は東京都に於ける治水計画であるが、帝陵山脈、三國山脈、関東山脈等を背景に控へ江東のデルタ地帯を前面に擁する東京都の位置を考へれば、都内の治水のみの計画を以って全きを得るものではない。即ち東京都と利根川との関係は治水上宿命的なものであり、利根川上流部の治水保安全からずして東京都の治水はあり得ない。荒川に於ても又同様である。

　故に更に歩を進めて之等の河川に対し充分検討を加へ各管理者に対し、

夫々適切な方途を講ずる様要望又建議したい。」と結んでいる。

東京都議会として、治水対策を自らの所管する都内のみを対象とせずに上流域までを含めた見解を示している。また、現在では財政的な裏付けのない政策は、単なる想いつきとして軽く扱われるだろうが、まちづくりは財政によって左右されるばかりではなく、ある種の情熱によって導かれる部分もあるだろう。この報告書からは、治水に対する東京都議会の情熱のようなものが伝わってくる。ただし、治水という問題意識にのみ囚われ、東京の都市形成全体への目配せが欠如していることは否めず、それほど治水が解決すべき緊急な社会問題であったとも理解することができる。

5-2　もうひとつの高潮対策計画

東京都議会が東京都総合治水計画において治水対策の必要性を訴えた報告書とどうように、経済界からも東京における高潮の抜本的な対策が渇望されていた。そうした状況は、行政とは異なるもうひとつの高潮対策として、産業計画会議の「東京湾に横断道を」という提言からうかがい知ることができる。東京湾の横断道という高潮対策を紹介する前に、産業計画会議やその組織を企画し実動させた人物について触れたいと思う。

産業計画会議は昭和31年3月15日に創立式を迎えた組織であり、経済界からは桜田武、木内信胤、永田清、石坂泰三、小林中など、学術界からは安芸鮫一、稲葉秀三、内田俊一、中山伊知郎など当時の一流財界人、学者、専門技術者を含めた80名の委員から構成されていた。官僚主導によらいない政治と民間の主導者達の活発な議論で総合的な活動を目指す委員構成であった。

この組織を主宰したのは、当時82歳の松永安左ヱ門である。彼は創立式において、戦後の日本再建には産業経済の動向と産業拡大の規模について深い調査と研究をすすめ、日本の産業がすすむべき理想の道を明らかにする必要性を痛感し、その使命を実行する組織として産業計画会議を発足した旨を述べている。当時の混乱した日本において、政治や行政が必ずしも

すすむべき道を明らかにしておらず、国民がどのように努力すれば日本が再建できるかの見通しがつかない状況にあったということだろう。

毎週1回の常任委員会に必ず出席していた松永氏は、議論の中で日本の将来における最重要課題を総合的な角度から検討を重ねられるよう、素早い対応と充実した研究の実現に腐心したようだ。こうした努力の結実として、産業計画会議の設立6ヵ月後に第一次勧告が発表された。

昭和31年の第一次勧告では、日本再建における最重要課題として「エネルギー源の転換」「脱税なき税制」「道路体系の整備」に関する具体的で説得力のある勧告が示され、マスコミに広く報道された。政府としても産業計画会議の提言を重く受けとめ、次年度の予算案において輸入エネルギーの外資枠拡大や道路予算の増大などの対応が図られた。以来、総合的な意見交換と綿密な研究をもとに次々と勧告が発表された。第二次勧告の「北海道の開発はどうあるべきか」、第三次勧告の「東京－神戸間高速自動車道路の必要」、第四次勧告の「国鉄の根本的な整備が必要である」、第五次勧告の「水問題の危機はせまっている」、第六次勧告の「誤れるエネルギー政策」、第七次勧告の「東京湾二億坪埋立てについて」、第八次勧告の「東京の水は利根川から－沼田ダムの建設」、第九次勧告の「減価償却制度はいかに改善すべきか－経済成長と減価償却制度」、第十次勧告の「専売制度の廃止、民営化、分割の実行」、第十一次勧告の「海運を全滅から救え－海運政策の提案」が示された。

昭和36年7月20日には、第十二次勧告の「東京湾に横断道を」として、川崎と木更津間10kmにおいて都心の交通渋滞緩和を図るとともに、高潮による被害を防ぐ防潮堤の役割を果たす東京湾横断道路の整備が勧告された。その後も第十三次勧告の「新しい東京国際空港案」に続き、昭和40年には第十四次勧告として「原子力政策に提言」が示され、将来的に依存度の高まる原子力発電のための国際協力や、安全性に関する500億円程度の研究費の必要性が勧告されている。この他にも経済企画庁から「吉野川総合開発調査」「フランスの経済調査」「本州・四国連絡橋に関する調査」「公共投資の部門別配分基準」といった依頼を受け、調査を実施している。

シンクタンクという組織が成立していなかった当時、産業計画会議はまさにその機能を果たし、民間シンクタンクの先駆的な存在となった。
　産業計画会議がシンクタンクとしての役割を果たせたのは、ひとえに松永安左ヱ門という人物によるところが大きい。松永家は壱岐の島の旧家で、彼が長男として生まれた実家は呉服雑貨商、酒焼酎醸造業、網元、船舶運送業、貸金業、田畑山林の大地主とさまざまな事業を行っていた。地元の名士としての人生が約束されていた彼は、線路を敷かれた人生に飽き足らず明治22年、15歳の時に上京し慶応義塾へ入学した。入学して1年目にコレラにかかり死の淵をさ迷った。その後、安左ヱ門の父が亡くなることで家業を継ぎ若旦那としての人生を歩み始めた。社会人としての経験を積み重ねていた彼であるが、壱岐の島に留まることに飽きたらず、家業を次男の英太郎に任せ再び慶応義塾に戻った。念願の学生生活を送ることとなったわけであるが、格別学業に精を出すわけではなく、むしろ同級生よりも人生経験を積んだ分、芸者遊びや株など学業以外に時間を費やしていたようだ。品行方正とはいえない生活を送る中、福沢諭吉の娘婿となる福沢桃介と不思議な縁でつながり、その後の事業における盟友として関係を深めることとなる。株や石炭の商いにおいて常に遊ぶための金儲けだけに心を砕いていた安左ヱ門であるが、恩師福沢諭吉が発表した「修身要領」に触発されるかたちで、人のために生きる人生へと少しずつ舵がきられた。そうした人生の転換は、日本の将来、国民の豊かな生活を見据えた戦前戦後の電力事業への関わりに表れている。戦前は電力国家管理法をめぐり政府と、戦後は国策会社として誕生した日本発送電株式会社をめぐり存続賛成派の政財界人と、それぞれ熾烈な争いを演じた彼は、机上の空論など許さない実務に貫かれた信念を持ち続け、株の乱高下のような波乱万丈な実業家人生を全うした。
　このような彼が戦後日本の再建にとって必要と考えた組織が産業計画会議であった。そのため産業計画会議による勧告は、実現性の見込めない夢のような理想論ではなく、実現は難しいが日本再生にとって重要な理想像を示していた。ここで、高潮対策に関連する第十二次勧告「東京湾に横断

道を」⁽注39⁾における東京湾横断堤建設に関する部分を以下に抜粋する。

〈提唱〉
　われわれは、ここに、東京湾の中央部を東西に横断する—川崎・木更津間—堤防の建設を提唱する（5-1）。

〈目的〉
　この横断堤をつくる主な目的は二つある。その一は東京都をはじめとして、沿岸の低地帯を高潮の災害から守ることにある。そしてその二はこの横断堤の上に高速道路と鉄道を敷設し、交通路として利用することにある。
　一般に、東京湾のような海面におこる高潮は、湾の入口より段々高まっていき、湾の一番奥の地帯は高潮のもっとも大きいところである。東京都の低地帯は、東京湾の奥部に位しているうえに、ことに江東地区のように、標高が海水面下のところもあり、ひろい区域にわたり海水面より余り高くなく、常に高潮の危険にさらされている。
　もちろん、これらの地域も防潮堤で輪中式に囲んで、高潮を防げる設計になっているが、工事未完のところもあり、高潮の災害を免れることができない事情にある。もし万一、伊勢湾級の台風がくれば、そのためにこうむる災害は、きわめて甚大であろう。伊勢湾級台風がきて、風速40メートルの暴風雨とともに、高さ5メートルの高潮が押しよせてくれば、江東、墨田、江戸川、葛飾、足立の5区は全部水につかり、さらに台東、荒川、北、板橋、大田、中央、千代田の7区は大半が、一瞬にして、水浸しとなる。押しよせる高潮と踊り出す材木に、多くの生命と財産は、たちまちにしてうばい去られ、さらに首都東京の機能が、停止することによる損失

5-1　東京湾横断道想像図全景

5　もうひとつの高潮対策計画　　127

は、計り知れないものがある。

　もし横断堤があれば、湾の入口から台風によって勢力を強めつつ、おしよせてくる高潮は、湾の中央部でさえぎられ、横断堤内での高潮はいちじるしく弱いものになり、高潮の災害を防ぐことができるのである。

〈横断堤の構造および工費〉

　この川崎・木更津間横断堤の長さは10キロメートル、両端に幅1キロメートルずつの航路があけてある。川崎側は航路の下をトンネルとし、木更津側は航路の上に橋梁をかける。堤防の天端高さは＋5メートル、天端幅員は200メートル、平均海底面は－28メートルである。

　工費の予想は、堤防建設に約600億円、橋梁、トンネル、高速道路、鉄道等約400億円、計1,000億円である。広汎な地域を、災害から防衛すること、および交通上からの経済効果を考えると、この程度の費用でできるとしたら、国として、きわめて有意義かつ有利な事業と、断ずることができよう。

〈横断堤の防潮効果〉

　一昨年、伊勢湾台風の襲来があって以来、東京湾の高潮対策についての批判が高まってきた。東京都では、東京湾に伊勢湾級台風が襲ってきた場合の、高潮の計算を気象庁に依頼した。産業計画会議では、都の依頼した計算と関連して、横断堤による高潮防止の効果がどの程度あるかの計算を、気象庁に依頼した。現代の科学は、理論と電子計算機の発達により高潮の発生状態、また両端に水路をあけた横断堤の高潮防止の効果等についても、かなり正確に計算できるのである。

　計算の結果、この横断堤は計算の衝に当った専門家の人々も、予想外とするほどの高潮防止効果があることがわかった。一例をあげれば、伊勢湾級台風が、大正6年の台風の経路（最大の高潮をおこす経路）で東京湾に襲ってきた場合、湾内最高は3.0メートルなのが、横断堤があれば1.9メートルとなり、1.1メートル低くなる。このことは、横断堤をつくれば、現在の低地帯周辺の防潮堤を、全部1メートル程度高くしたのと同じ効果があることを示している。

〈東京都の高潮対策〉

　現在、東京都においては、高潮対策として、海岸や主要河川沿岸に、防潮堤水門の修築工事を実施中であり、一部完成している。しかし、これらの工事は、せいぜいキティ級台風の高潮の防衛に止まっている。伊勢湾級台風の高潮にも、たえるようにするためには、さらに、全部の堤防を嵩上げする必要がある。これにはさらに約350億円の費用を必要とする。現在計画中の防潮堤は、数カ所にわけて低地帯を囲み全延長270キロメートルにおよぶ、輪中式のものであって、完成の暁には万里長城を築いたようになる。しかも現在いろいろの施設の活動している隅田川右岸など計画もたてられない地区もあり、計画がたって工事中の地区でも、産業活動、住民の生活にはむしろ妨害となっているところもある。なお、事業の完成も、短期には期待できない実状である。

　一方、最近は折角建設された防潮堤の沖に、新埋立地がぞくぞく造成されている。その場合この防潮堤は、交通の妨害となるうえに、新埋立地はさらに外側に新しく防潮堤を造らなくてはならない。この建設にも、新たに巨額の費用を必要とする。

〈地盤沈下〉

　東京都の低地帯の高潮対策を講ずる場合、考えなければならない重要課題は、これらの地区の地下水汲上げによる地盤沈下である。沈下は近年ますます激しくなり、はなはだしいものは年間20センチメートルも地盤沈下をおこしている。土地の低下により高潮の危険はますます強まるとともに、折角つくった防潮堤も沈下して、役に立たなくなる。地盤の沈下を防ぐには地下水の汲上げを止めさせなければならない。そのためには、水を充分に安く供給する必要がある。

〈東京の水問題〉

　東京の水問題は、ここにも大きく問題を提供している。東京都および周辺の人口の増加、生活水準の向上による個人消費の増大、東京湾周辺の工業地帯の発展、これらを全部総合して、水問題は急速に抜本的に解決をはからなければならない時機に達している。産業計画会議のかねてから主張

している、利根川の水を最有効に利用する沼田8億トンダム計画は、高潮対策の一翼としても、速やかに実現されねばならない。

〈抜本的解決策〉

　高潮から、低地帯を守るために、まわりを防潮堤で囲む。低地帯の地盤が沈下する。防潮堤も沈下する。防潮堤を補強して嵩上する。外側に埋立による土地が造成される。周りを囲む。沈下する。嵩上する。賽の河原の石づみである。高潮対策はこのような姑息な方法では、いつまでたっても解決しない。

　それには何をおいても沼田8億トンダム建設により、東京の水問題を解決し、地下水汲上げによる地盤沈下を防ぎ、さらに本提唱のように、東京湾中央部に横断堤をつくって高潮そのものを弱体化し、その上で、個々の地域の対策を定めるのが抜本的な高潮対策であろう。天災は忘れたころにくる。高潮は、いつその猛威をふるうかわからない。対策は早急を必要とする。この横断堤は工事にかかれば、ほぼ3年で完成できるであろう。事前の調査には2年位は必要である。あわせて約5年位はかかると覚悟せねばなるまい。東京都の中心地区を高潮の災害から守るために、また東京湾周辺の大工業地帯の造成にあたり、近代工業都市としての機能を最高度に発揮させるためにも、われわれは東京湾横断堤を早急に建設すべきことを強く主張する。

　この勧告においては交通路についても触れているが、ここでは高潮対策と直接関わる部分のみを抜粋した。勧告における横断堤建設の目的は、高潮対策および高速道路・鉄道による交通網整備であった。産業計画会議では、東京への一極集中が著しい状況に対して、集中を否定するのではなく集中による弊害を除くといった方向で物事を考えていた。

　東京一極集中の弊害のひとつに道路の交通渋滞があり、道路網を放射状から環状へと転換することが重要であるとし、その環状道路網は東京湾があるため4分の1が欠ける半円形になることから、川崎～木更津間の道路建設を検討した経緯があった。

伊勢湾台風による名古屋地方の甚大な被害が引き金となり、国においても高潮対策により力点を置くようになった時期、産業計画会議として川崎〜木更津間に道路、鉄道、水道、電線を通すだけではなく、高潮対策としての堤防を整備することが提言された。効果的な堤防の位置についての調査は産業計画会議が気象庁に委託し、気象庁海洋気象部長、同庁同部海洋課長、同庁同部同課調査官、横浜地方気象台長、元気象庁潮汐担当官によって実施され、『東京湾計画に対する高潮数値計算とこれが対策』[注40]としてまとめられた。

　過去の高潮を分析するとともに、大正6年の台風、キティ台風、伊勢湾台風が東京湾に襲来した場合の高潮モデル、また防波堤による効果の検討などが整理されている。日本には台風が多く、雨が強く、河川は短いことから、災害はある程度不可避であり災害防禦だけではなく、災害にあった時の共済制度や保険制度といった対策にも重点をおくことが妥当だとする意見が記されている調査結果をもとに、上記の勧告が示されている。

　当時の東京下町低地においては、キティ台風クラスの高潮に対応できる防潮堤がやっと整備されている状況であり、勧告では伊勢湾台風クラスの風速40m、高さ5mの高潮が発生した場合、首都機能が停止する危険性を主張している。また、整備中の輪中方式の防潮堤が、産業活動や住民の生活にはむしろ障害となっている点や、事業完成に時間が要する点、また整備されている中央防波堤外側に埋立地が整備中で、その沖合いに新たな防波堤整備のための巨額な費用が必要となるといった指摘をしている。従来の輪中方式の防潮堤では、地盤沈下及び堤防の計画高変更に対して、その都度嵩上げをする必要があり、抜本的な解決には至らない。そのため、川崎〜木更津間の横断堤によって、高潮の偏差（高潮量）が1.1m程度低くなるとしている。事業費についても、昭和35〜39年に計画されている事業は、横断堤の有無に関わらず必要としているが、昭和40〜44年の事業計画は横断堤によって、その事業費550億円（産業計画会議試算）が必要なくなるとしている。横断堤の位置については、川崎〜木更津間のほかに富津〜観音崎間が検討されている。横断堤の防潮効果、開口部の潮流と船舶運航の問題、

工事上の問題、交通上の問題等の条件から川崎〜木更津間が最適との判断が下された。

　高潮対策に関連した第十二次勧告の「東京湾に横断道を」は一見して、その発想や事業規模に驚くとともに、実現の難しさが感じられる。しかし、この勧告における東京湾防潮堤計画は、調査研究による東京湾の高潮数値計算にもとづいた内容であり、実現すべき重要性の高い事業の理想を示していたことが理解できる。脆弱と認識される高潮対策を担っている行政は頼りないばかりか、工業用水の確保といった地盤沈下の根本的な社会問題に応えておらず、産業計画会議としては多岐にわたる都市問題の解決策を示す必要性を感じていたことだろう。第十二次勧告では高潮対策のみならず関連する地盤沈下対策にも触れ、地下水の汲上げの規制とともに、水を安く供給するため沼田ダムによる利根川の水の有効利用が提案されている。第八次勧告の「東京の水は利根川から−沼田ダムの建設」において、利根川に沼田ダムを建設し東京の水資源を確保するとともに、発電所の建設が提言され、第十二次勧告の「東京湾に横断道を」とあわせて東京の都市問題解決に一石が投じられている。沼田ダム建設は実現していないが、昭和43年に完成した利根大堰により利根川から荒川に導水する発想は実現され、東京湾を横断する交通網整備に関しては東京湾アクアラインというかたちで結実している。

　産業計画会議の勧告はその提言内容もさることながら、広域における都市問題を総合的に捉え、縦割りな行政の仕組みに囚われることなく、一体的な解決策を示している点は見逃せない。整備効果や予算に関して調査を重ね、大胆ではあるが理想的な勧告であったからこそ、部分的ではあるが提言が現実の社会に生かされたと考えられる。ただし、東京湾横断堤計画に関していえば、経済成長が優先されていた当時は自然環境への配慮が欠如していて、横断堤による潮流への影響に関する配慮はない。この横断堤が実現していれば、東京湾の自然環境に計り知れない影響を及ぼしていただろうと思われる。

6

東京における
高潮対策の耐震化

昭和43年に発生した十勝沖地震で被害が生じ、昭和46年には建築基準法の耐震基準が強化されるなど、構造物の耐震性に関する社会的な意識が高まった。こうした情勢が背景となり東京下町低地における堤防の耐震化が図られるようになった。

　昭和52年、河川審議会（現社会資本整備審議会・河川分科会に該当）が「総合的な治水対策の推進方策についての中間答申」を示し、昭和55年には東京下町低地を流れる中川、綾瀬川、新河岸川を含めた14の河川に総合治水対策が適用された。流域全体としての保水・遊水機能を確保し、洪水氾濫の発生を前提とした土地利用や建築方式が考慮されるとともに、住民の水防、避難などの対応策にも重点が置かれた治水対策となっている。

　また、昭和62年に河川審議会が「超過洪水対策及びその推進方策についての答申」において超過洪水対策として高規格堤防の概念等が導入された。計画を越える洪水の可能性に言及し、高規格堤防（スーパー堤防）による対策が提言されるとともに、川の文化的価値が再認識された内容であった。こうした河川審議会の動向と関連しながらすすめられた東京下町低地の河川と海岸における防潮堤の耐震化の経緯について触れることとする。

6-1　河川行政における耐震化対策の経緯

　隅田川の流れは河口において、勝鬨橋方面と相生橋方面に分かれている。流れを二手に分けている現在の大川端リバーシティ21は江戸の頃、石川島と呼ばれ、長谷川平蔵により創設された人足寄場であった。近代以降に造船所を開業したのが現在のＩＨＩの母体である旧石川島重工業であった。その大川端リバーシティ21の護岸は垂直な防潮堤とはようすが違い、遠目からは堤防のイメージとは異なる植栽がされた緩やかな斜面になっている。この斜面はスーパー堤防と呼ばれ、堤防の耐震化を主目的に整備された堤防である。

　東京の高潮対策の恒久化事業が開始された直後の昭和39年、新潟地震が発生し液状化現象による被害が生じた。この被害は構造物の耐震性への関

心を高めるには十分なほどひどい状況であり、堤防の耐震化という切実な社会問題につながることとなる。しかし、開始されたばかりの防潮堤の恒久化事業において耐震化を考慮する時間的、予算的余裕はなかったようで、東京高潮対策事業（新高潮対策事業）の計画概要には、耐震化に関する記述は見当たらない。

東京高潮対策事業がすすめられていた昭和46年、江戸川区の新川西水門が突然開門し、中川からの水で新川沿いの地域が浸水する事故が発生した。40分程で水門は閉鎖されたが、浸水被害は約700戸、被害総額約7千万円という状況であった。新川西水門の事故による浸水被害は、堤防の破損が原因ではなく水門の誤作動によるものであったが、大正12年の関東地震による未曾有の被害を経験した東京下町低地の住民にとって、新川西水門の浸水被害は新潟地震やその後の十勝沖地震による被害を想起させるできごとだったのかもしれない。地元では浸水しない堤防に関する世論が高まり、大地震の69年周期説の影響もあって、河川の防災対策として堤防の耐震化が検討されることとなった。

東部低地帯として隅田川以東および新河岸川沿岸地域を対象に、昭和49年4月、知事諮問機関である低地防災対策委員会は東京都建設局河川部を事務局とし『東京の東部低地帯における河川の防災対策についての答申』[注41]をまとめた。東部低地帯における主要河川について大地震に対する安全性の向上、河川の親水性の向上及びうるおいのあるまちづくりに対応した整備として、堤防の耐震化の必要性から大河川には直立よう壁型の護岸によらない緩傾斜型堤防の必要性や、江東内部河川東側での水位低下及び、西側の護岸の耐震化について言及された。護岸型式、土堤方式のどちらを採用しても、地震による円弧すべりや液状化に対して、100kmに及ぶ河川堤を1ヶ所の被害もないように守ることは不可能に近いとし、ある程度の局部的な被災があっても浸水による致命的な被害を生じさせないことが重要であるとしている。この結果、天端を高くし、巾を広くした緩傾斜型堤防がもっとも安全であるとし、地震により2m程度堤防が陥没することを前提に、段階的に堤防を強化することが提案された。脆弱である江東内部

河川の護岸が優先度の高い対象とされ、昭和52年度を目処に地盤の低い東側の河川については維持水位をA.P.±0m程度までさげ、西側地区については耐震護岸の整備が望ましいとされている。現在この区域を船で航行する際に、扇橋閘門や荒川ロックゲートにおいて水位調節が必要とされるのは、この答申をもとに水位低下による治水対策が講じられているためである。

　また、長期的な計画になることを前提に、主要五河川（隅田川、中川、旧江戸川、新中川、綾瀬川）において危険度の高い地区から緩傾斜型堤防を整備する提案がなされた。背面に一定の盛土を施される緩傾斜型堤防は、大地震にみまわれても大きな機能低下がなく、応急復旧が容易で、かつ親水機能の向上に寄与することが期待できることが理由である。現時点の隅田川における緩傾斜型堤防（スーパー堤防）の整備は、大川端をはじめとする大規模な再開発地区に限定されており、計画区域ですら隅田川の部分的にしか指定されていない。主要五河川において緩傾斜型堤防を整備するとした答申は、実現の難しい内容であったといえよう。この答申全体は工学的見地からの検討を主体にした内容であるため、次の段階として経済的見地、行政・法律的見地からの検討や政治的判断等については、別途、早急に検討されることが望ましいとされている。報告書の最後には住民の強い要望を受け、江東内部河川においては、治水・利水機能を損なわない範囲で、積極的に環境を整備し、住民に親しめる河川にすべきとの指摘も示され、環境や河川の親水性にも言及されている。

　昭和56年には「東京の東部低地帯における河川の防災対策についての答申」を受けるかたちで、隅田川堤防問題研究調査委員会が報告書『隅田川堤防問題研究に関する調査報告書』[注42]をまとめ、隅田川全川に連続した緩傾斜型堤防を整備する必要性を示した内容となっている。専門家や有識者、建設省都市局、東京都都市計画局、建設局、河川局、都市局、住宅局、台東区、墨田区、荒川区からなるこの委員会は、昭和54年に発足した「新墨堤研究会」において長期的かつ広域的視点から都市河川としての隅田川

及びその沿岸の見直しと、新たな発想による将来像の検討実施が合意されたことにより設置された委員会であった。委員会で報告された調査は、将来あるべき堤防の姿、沿岸部の都市構造、整備のプログラム、事業手法等について検討し、それらを総合して親水空間のマスタープランを提言することを目的としていた。

　調査の基本姿勢として隅田川を「都市の顔」として再生するには、「親水空間」の実現こそ最重要課題であるとの認識からスタートしている。そして、親水空間を実現するためのまちづくりのあり方を探り、河川機能と都市機能の調和を図るための方策の検討を実施したとしている。現況の把握では歴史的特性、文化の特性、地域現況の特性をおさえ、それぞれの問題点を指摘している。

　歴史的特性としての問題は「隅田川が育んできた、風情、情緒は、都市機能の過度の集中、治水対策等により劣化している。一方、こうした独自の下町文化を生み出した、社会的特性も川とのふれあいの機会の減失とともに急速に失われつつある。現在、この歴史的特性の内で醸成された下町文化を育んできた社会的特性を生かし、川を中心とした情緒あふれる都市づくりを行うことが地域の強い要請となっている。今後の問題としては、こうした気運を成熟させるとともに、広域的視点とも整合した、地域の再生の基本的理念の確立がまたれる。」と記されている。

　隅田川の水際の特性における問題点としては、「現在、隅田川は高潮防潮堤により、川と人とのふれあいの場をまったく失っているといってよい。そのため人々と水とのふれあいのある場の確保を治水機能との整合、都市景観との調和の観点をふまえて検討する必要がある。したがって地域の新たな都市像と調和した親水性の高い堤体構造の追及が、重要な問題点として検討されねばならない。」とし、沿岸地域の現況特性からは、土地利用、防災施設、緑のネットワークについての問題点が指摘されている。土地利用では住居系、商業系、工業系それぞれについての問題点が指摘され、防災施設に関しては、計画されている広域避難地への避難路整備、ネットワーク化において、隅田川を主軸として活用していくことが課題であるとし

ている。

　緑のネットワークについては、東京の広域レクリエーション拠点を結ぶ緑のネットワーク、観光ルートの整備が遅れていて、隅田川をネットワーク・ルートとして活用し、東京のシンボルとなりうる緑のネットワークを形成するべきとしている。加えて、こうした河川整備には、都市側との一体的整備が必要であるとも指摘されている。基本理念として、隅田川及び沿岸の整備の基本理念を「ふるさと東京のタウン・シンボル（顔）として、うるおいあるゆとりあふれる、またふれあいのある場としての親水空間隅田川に再生・創造する」としている。

　また、基本構想としては都市防災計画との協調性の確保、親水性の再生・創造と河川機能の確保、周辺市街地整備との一体性の確保、緑のマスタープランとの協調性の確保が示されている。こうした理念をもとに、具体的な整備の提案として、「隅田川全川にわたり、公園緑地と一体化させた緩傾斜型堤防を主とした親水性の高い堤防を連続して実現し、人々と隅田川のつながりを回復し、併せて都市防災、住環境、産業の賦活化等都市空間の再生、創造に寄与すべきである。」としている。

　この調査では、先に触れた栗原氏の論文で指摘されている都市における河川のあり方とその機能についての検討が行われている。地域の歴史や文化を考慮し、将来のあるべき都市構造から堤防の姿を導き、整備プログラム、整備手法にまで言及され、それまでの高潮対策に関する調査にはない川文化や都市の顔といった画期的な視点が盛り込まれているが、昭和49年の答申を補強する内容となっている。確かに緩傾斜型堤防（スーパー

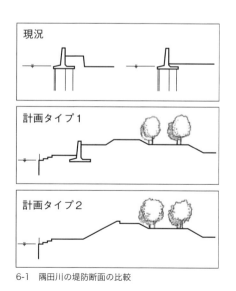

6-1　隅田川の堤防断面の比較

堤防）の発想は河川と市街地との一体的な整備であり、昭和49年答申にはない考え方が示されている (6-1)。ただし、建設省をはじめ東京都の関係部局が委員となる委員会としては、堤防の強靭化を前提とした議論に終始するのではなく、水門方式による対策についての議論も必要ではなかっただろうか。また、隅田川全川を対象に連続した緩傾斜型堤防（スーパー堤防）を整備することは、理想的ではあるかもしれないが実現性に乏しい。仮に実現した場合、再開発の高層ビルが隅田川の両岸を埋め尽くすこととなり、そうした状況が地域の水辺文化にとって好ましい環境といえるかは疑問が残る。大川端や南千住 (6-2) のように街区規模の再開発におけるスーパー堤防であれば、市街地と水辺に一体感が生まれ、親水性の向上が水辺の暮らしの豊かさにつながることは理解できる。しかし、多くのスーパー堤防は敷地単位の整備にとどまり、親水性の向上は再開発の施設にのみ享受され、市街地と水辺との関係性はその施設によって一層阻害されているからである。この調査では防潮堤による高潮対策が前提とされているが、地域の水辺に関する歴史や文化、都市形成との関連に目が向けられたのであれば、すでに大阪で採用されている大型防潮水門に関する検討も有益であったと思われるが、堤防の強靭化が一義であったこの調査において、港湾区域も含めた考え方が必要となる大型防潮水門に関する議論は難しかったのであろう。

6-2　南千住のスーパー堤防

　ここまでに触れた答申や調査を踏まえながら、高潮対策における堤防の耐震化がすすめられている。文献史料からその事業の経緯に触れたい。
　『東京都政五十年史　事業史Ⅱ』では、「都は、東部低地帯を高潮や洪水

から守るため、主要河川の防潮堤や護岸などの治水施設を昭和50年代に完成させた。これらの治水施設は関東大震災級の地震にも安全なようにつくられていた。しかし、大地震時における地盤の亀裂や液状化現象については未知の部分が多く、それらを考慮するとさらに耐震性を向上させる必要があった。その一方で、直立したコンクリート護岸により都民が水辺に親しめなくなってしまったため、都市に残された貴重なオープンスペースとしての河川の親水機能の回復が強く望まれるようになった。しかし、その整備のためには新たに幅の広い用地が必要になるため、当面は大規模な市街地開発事業などにあわせ整備をすすめることとし、55年度に緩傾斜型堤防整備事業として隅田川の一部で事業に着手した。また、60年度には、安全性をさらに向上させるため、堤防の堤内地側を堤体と一体的に盛土したスーパー堤防（高規格堤防）の整備事業を計画し、隅田川の一部で事業に着手した。なお隅田川においては、親しみやすい水辺環境を早期にと都民に提供するため、緩傾斜型堤防やスーパー堤防の一部となる既設護岸前面の根固め部分を先行的に整備するテラス整備事業を62年度から開始した。」と記されている。

　既設護岸前面の根固めなどにより堤防の耐震化が図られていたが、阪神・淡路大震災を契機に耐震対策の補強がすすめられた。『東京の低地河川事業』では、「東京都はこれまでも、防潮堤、護岸などの河川施設を、大地震にも耐えられるよう整備を行っていましたが、平成7年1月の阪神・淡路大震災の災禍により、改めて耐震対策の重要性を認識しました。平成7年度に、東部低地帯の河川堤防及び水門・排水機場で、背後地盤高が計画津波高（A.P.＋3.5m）以下の地域にある河川施設に対する耐震点検を行いました。耐震点検の結果、構造強度の不足している堤防、水門等に対して優先順位をつけ、背後地盤高が朔望平均満潮位（A.P.＋2.1m）以下の外郭3河川（隅田川、中川、旧江戸川）の堤防15.9km及び外郭堤防に関連する水門・排水機場14箇所の耐震対策を緊急耐震対策事業として平成8年度から事業を実施しました。（構築は平成9年度から平成15年度）また、液状化判定基準の改定により平成14年度に再点検を行ったところ約50kmの堤防等について、

耐震強化が必要と判明しました。このことから、背後地盤高や堤防等の危険度から優先順位を定め、引続き耐震強化を図っていきます。」と記されている。

　平成24年12月に示された『東部低地帯の河川施設整備計画』(注43)では、計画期間が平成24年度から平成33年度までの10か年とされ、緊急性の高い全ての水門・排水機場等と防潮堤を対象として平成31年度までの完了を目指し、水門内側の護岸は順次対策をすすめ平成33年度までの完成を目指すと記されている。計画対象はそれぞれ、防潮堤は約40km、護岸は約46km、水門は13施設、排水機場は5施設、樋門・閘門は3施設とされている。平成23年6月、東日本大震災後に建設局、港湾局、下水道局の3局は「地震・津波に伴う水害対策技術検証委員会」を設置し、従来の地震・津波対策の検証や今後の対策のあり方についての検討を行った。翌年4月には東京都防災会議が従来の被害想定の見直し、M8.2級の大規模海溝型地震等の想定を加味した「首都直下地震等による東京の被害想定」を公表した。同年8月に、この被害想定を踏まえ地震・津波に伴う水害対策技術検証委員会は「地震・津波に伴う水害対策のあり方に関する提言」を示し、「地震・津波に伴う水害対策に関する都の基本方針」を策定した。この基本方針にもとづき実施していく河川堤防及び水門・排水機場等の耐震・耐水対策を示したものが「東部低地帯の河川施設整備計画」である。この整備計画は、さまざまな観点から検証された地震や津波に対する対策は示されているが、暮らしとの関係や都市形成のあり方に関する記述は皆無である。都市において河川が果たすべき役割は何かといった根本的な課題に対しては何ら触れられていない。現在の河川行政が置かれている立場では、都市形成における河川の果たすべき役割を検討すること自体、業務の逸脱行為にあたるのかもしれない。では、誰が河川に関する根本的な課題に取り組むべきなのだろうか。

　東京下町低地においては荒川放水路が整備されると、地盤沈下に起因する高潮対策に主眼がおかれ、昭和37年度に恒久対策としての防潮堤整備が開

始された。高潮対策がすすめられる中、昭和46年に新川西水門が突然開門し、中川からの水で沿川地域が浸水被害を被った。その後、東京都建設局河川部が事務局となる「低地防災対策委員会」において、浸水しない堤防に関しての議論がなされた。昭和49年に「東京の東部低地帯における河川の防災対策についての答申」が出され、堤防の耐震化の必要性から、大河川には直立よう壁型の護岸によらない緩傾斜型堤防の必要性や、江東内部河川東側での水位低下及び、西側の護岸の耐震化について言及された。昭和56年には「隅田川堤防問題研究調査委員会」が報告書をまとめ、隅田川全川に連続した緩傾斜型堤防の整備の必要性を示している。

戦後の経済成長とともに、特に大都市圏での市街地は著しく拡大かつ高密化した。東京下町低地も例外ではなく、自然環境や文化など地域の事情に関心の低い住民が新たに流入した。こうした現象は、地域の水防にとって重要な意味を持っていた。水害に対する意識が希薄な住民が増えることで、従来からの水防に関する知恵や工夫が、地域に継承されにくくなる状況が生じた。のみならず、何らかの負担が強いられる水防そのものを軽視し、行政だけに水害対策を委ねてしまう風潮を結果的に後押ししていたと考えるからである。また、市街地の急激な拡大において、社会基盤施設や住宅の量的確保は当時の社会的責務となり、整備の効率化が優先される状況にあった。そのため、地域性や河川の個性に見合った治水対策を個別に検討し実施することは、効率性の面からは難しかったと考えられる。地域の水防が期待できない状況の中、治水は対象範囲の拡大とともに、効率的な水害対策を担う定めを負わされたことになる。このように考えると、河道のみを計画対象とし、両岸の堤防をより強固にすることこそがこれまでの河川行政に課せられた責務であったとの見方もできる。

6-2　海岸行政における耐震化対策の経緯

海岸行政においても河川対策とどうように、堤防の耐震化が高潮対策における課題となり、耐震化の事業がすすめられてきた。江東地区の地盤沈

下の進行及び昭和39年6月の新潟地震の災害に鑑み、低地帯住民の安全を確保し、生活環境の向上を図るため、老朽かつ劣弱化している既存護岸の前面に、昭和41年度から海岸保全事業の一環として内部護岸の建設が内部護岸整備計画として着手された。

　昭和31年に公布された海岸法の施行により、それまでの高潮対策事業が海岸保全事業として引き継がれた。この内部護岸が整備されることによって、高潮時における水門閉鎖中の内水位の維持、異常潮位による浸水並びに関東大震災級の地震による水害に対処できることとなった。満潮時の海水面（A.P.＋2.1m）より低い江東地区の越中島、古石場、木場、東陽、新砂、塩浜、枝川については、昭和47年度までに整備を完了した。また、昭和46年に、ゼロメートル地帯を背後に抱える江東地区の防潮施設の耐震強度点検、並びに所要の整備が検討された。これにより、昭和55年度から地震水害の恐れのある越中島、古石場、木場、東陽、新砂の既設内部護岸に対して、液状化対策を考慮した耐震補強を行っている。さらに、昭和56年度より、港地区の既設護岸が老朽化した箇所についても、国土保全の観点から整備がすすめられている。

　その後、海岸事業（新海岸事業五箇年計画〜第6次海岸事業七箇年計画）について『東京港高潮対策事業概要』の今後の展望として記述されている。「このように高潮にたいするたゆまぬ努力が続けられており、現在は緊急かつ重点的に低地部に対する計画が遂行されている。今後も残る港南地区及び港地区の建設整備を促進するとともに、昭和41年度より着工した江東地区の内部護岸工事も併行して促進することにより効果をはかることにしている。また、昭和41年3月海岸法の一部改正に際して、衆議院建設委員会において海岸事業の重要性を指摘され、すみやかに長期計画を樹立するよう付帯決議がなされた。さらに、政府において昭和42年度を初年度とする新長期経済計画策定の中においても、民生安定、社会開発に資する必要な事業の一つとして海岸事業が特掲されることになっている。

　このような情勢に対応して、海岸行政を所掌する農林、建設、運輸の三省が協調し、あらたな事項を加えて新海岸事業長期計画を確立することが行

政事務中央連絡会議で決定され、それぞれの海岸管理者に新計画策定に必要な資料の提出が求められた。従って現計画の完遂はもちろんのこと、新計画の策定方針である次の事項を考慮し長期展望をおこなうことになっている。

　①港湾の防護及び背後都市、村落等の防災を全うするため防災区域をできるだけ広くとる。

　②港湾計画、埋立計画、都市計画など港湾都市の開発に関連した諸計画を阻害しないよう総合的防災計画を樹立する。

　③港湾機能を生かし、港湾を場とする経済活動が容易な法線及び施設を考慮する。

　④地盤沈下地域の施設補強は十分耐震性を考慮し沈下による内水排除に対しては排水施設の補強に留意する。

　⑤石油基地、臨海工業地帯の被災による危険物の流失、散乱等による二次的災害を十分考慮する。

　⑥臨海部への商業、住宅地区の進出に留意し背後地利用の変化に対応した保全を考慮する。

　⑦河川流出土の減少などによる海岸侵食の進展を阻止する防護措置をする。

　以上の方針にもとづき、累増する江東低地域の内部護岸の整備区域を拡張し、また輪中護岸内の内水排除施設の増強を積極的に取り上げ、さらに第二次改訂港湾計画にもとづく新埋立地の防災及び港湾諸機能の防護についても10年～20年後の変化を推定し抜本的な対策を考慮することにしている。」と記されている。

　港湾区域における高潮対策の計画方針では経済活動に重点が置かれている。これは河川行政と海岸行政の担うべき役割の違いによるものである。昭和45年を初年度とする新海岸事業五箇年計画（昭和45～49年度）は昭和46年3月30日に閣議決定された。総事業費は5年間で約136億8,000万円であり港地区の高浜、天王洲の防潮堤、並びに目黒川水門の整備が昭和50年度までに完成した。

その後、第2次海岸事業五箇年計画(昭和51〜55年度)において、昭和54年度に港地区の防潮堤が完成した。また、補修事業が新たに制度化されるなど海岸保全事業の充実が図られた。

　第3次海岸事業五箇年計画(昭和56〜60年度)では、高潮対策事業として江東地区内部護岸の耐震補強、防潮堤の整備、港地区内部護岸の整備(新芝運河)が実施され、海岸環境整備事業としては江東地区辰巳水門取付堤の補強、港南地区防潮堤の補強が実施された。

　第4次海岸事業五箇年計画(昭和61〜平成2年度)では、高潮対策事業として江東地区内部護岸の耐震補強、5水門(豊洲、東雲、辰巳、曙、新砂)の遠隔制御装置の導入、曙・辰巳水門取付堤の腐食対策、中央地区胸壁の嵩上げ、港地区内部護岸の整備(新芝運河)、港南地区防潮堤の補強(京浜運河)。海岸環境整備事業として、港地区内部護岸の整備(高浜運河)、港南地区防潮堤の改良他。

　第5次海岸事業五箇年計画(平成3〜7年度)では、高潮対策事業として江東地区内部護岸の整備及び耐震補強、辰巳水門水門取付堤の腐食対策、中央地区3水門(佃、朝潮、浜前)の遠隔制御装置の導入、港南地区内部護岸の整備(芝浦、新芝南、高浜西運河)、3水門(築地川、汐留川、高浜)の遠隔制御装置の導入、芝浦排水機場の改良、港南地区防潮堤の整備(京浜運河)及び改良(海老取運河)。海岸環境整備事業として、港地区内部護岸の整備(高浜、芝浦西運河)、副都心地区防潮護岸の整備(有明南)他。

　第6次海岸事業7箇年計画(平成8〜14年度)は、平成8年12月13日の閣議決定により「第6次海岸事業五箇年計画」が策定されたが、その後、財政構造改革の推進に関する特別措置法第15条にもとづき、平成8年度を初年度とする海岸事業七箇年計画に改定された(平成10年1月30日閣議決定)。計画の実施目標は、国民の生命・財産を守り、国土保全に資する質の高い安全な海岸の創造、自然との共生を図り、豊かでうるおいのある海岸の創造、利用しやすく親しみのもてる、美しく快適な海岸の創造が示された。

　海岸事業はその後、平成15年3月に成立した社会資本整備重点計画法にもとづき、9本の事業分野別計画(道路、交通安全施設、空港、港湾、都市公

園、下水道、治水、急傾斜地、海岸）を一本化した社会資本整備重点計画に包含されるかたちで事業が実施されることとなった。社会資本整備重点計画において、海岸事業に関する事項としては以下の通りである。

　津波、高潮、波浪、海岸浸食が国民の生命・財産に及ぼす被害の軽減として、海岸保全施設の新設・改良、計画上の完成形に対して現状では防護性能に不足のある暫定施設の早期完成、老朽化施設の更新、水門等の機能高度化の実施や津波・高潮ハザードマップ作成の技術的支援及び安全情報伝達施設等の整備及び耐震性の強化等を目的とした施設の更新等が示されている。また、人の暮らしと自然環境が調和した後世に伝えるべき豊かで美しい海岸環境の保全・回復として、海辺の整備、侵食対策や砂浜、緑、景観の総合的な保全や動植物の生息育成空間に配慮した施設の整備及び親水性施設や海辺へのアクセスを可能とする施設の整備や砂浜を有する海岸におけるバリアフリー対策（スロープ、安全施設等の整備）の実施が示されている。

□陸こう

　このように、河川区域と港湾区域それぞれにおいて堤防の耐震化が図られてきたが、2つの区域における堤防の違いとして陸こうの有無がある。

　港湾区域では堤防が道路上に計画されている関係から、道路上には開閉できる門が整備されている（6-3）。通常は人や車が往来できるが、非常時の際には門を閉め高潮や津波を防ぐ防災施設が陸こうである。この陸こうは隅田川や日本橋川、神田川にはほとんど整備されておらず、隅田川の堤内外の往来には高い堤防を乗り越えるための階段が設置されている。

　全国各地の河川には陸こうが設置されていて、決して特殊な施設ではない。淀川に多くの鉄橋や道路橋が架かっているが、そのうち14つの橋の高さは堤防より低くなっている。その堤防より低い部分をふさぐための陸こうが整備されているが、国道2号淀川大橋や国道43号伝法大橋などは道路の幅員が広いため、大規模な回転式陸こうが整備されている。こうした施設が非常時に想定どおり稼動するかどうかは、日頃の訓練がものをいう。そ

のため、年に1回操作訓練が実施されている。国道を全面的に交通規制するため訓練も大がかりとなる。平成28年は7月3日（日）深夜1時から国土交通省の淀川河川事務所、大阪国道事務所が主催し、約600名が参加して訓練が実施された。操作訓練は見学していない

6-3　道路上の陸こう（江東区豊海町）

が、門扉の格納庫を目のまえにするとその大きさに驚くとともに、格納されている門扉が回転しながら移動するさまを想像すると迫力が感じられる。橋下徹元大阪市長が在任中には、この訓練に参加されるほど重要な訓練と位置づけられている。

　陸こうは大規模なものだけではなく、人が板をはめ込むものもある。金沢市を流れる浅野川には、いくつかの陸こうが整備されていて、市街地と河川の往来が容易な状態になっている。この陸こうは、角落としと呼ばれる板をはめ込む支柱があり、大水の際に付近に保管されている羽目板を設置するようになっている。平成20年7月28日金沢市で3時間に250mm以上の雨が降り、浅野川流域で浸水被害が発生した。越水が生じるとともに、陸こうからの浸水もあった。その原因は浅野川の増水前に角落としに板をはめ込むことができなかったためである。

　防災施設は規模の大小にかかわらず、その施設の日頃の点検もさることながら、その施設を利用する側の心構えが大切であることが分かる。浅野川では陸こうが設置されていることで、河川を楽しむ住環境は享受されていたのだろうが、水害に対する地域としての備えが甘かったようだ。このような苦い経験を地域として積み重なることで、充実した川文化が育まれるのかもしれない。

7

高潮対策の技術

東京の高潮対策では、市街地を防潮堤で囲む堤防方式の技術が採用されている。大阪市では東京の堤防方式とは異なり、水門方式の技術による高潮対策が採用されている。この水門方式では安治川、尻無川、木津川の河口付近に建設されている大型防潮水門が水門より上流の堤防高さを2m以上抑える効果があり、舟運活用において不都合が生じにくい対策となっている。

　東京と大阪は沖積低地に形成され、都市形成の変遷は近似している。両都市ともに水害に脆弱であり、戦後には水質汚濁や地盤沈下などどうような社会問題を抱えていたにもかかわらず、高潮対策に関しては異なった技術が採用されている。東京下町低地におけるこれからの高潮対策のあり方を検討するにあたり、まずは大阪における高潮対策の変遷に触れて東京との違いを明確にしたい。

7-1　大阪の高潮対策

□応急的な高潮対策

　昭和9年9月21日、大阪では室戸台風により甚大な被害が生じた。

　翌日の東京日日新聞には大阪発として、天王寺第五小学校をはじめ市内十数の小学校舎が倒壊し、児童の死傷者が多数見込まれ救援のため軍隊が出動したことが記されている。また、大阪港の惨状に関する記事もあり、第二桟橋に係留されていた大阪商船の浦戸丸が水上署横の岸壁に打ち付けられてそのまま沈没したようすや、乗組員を乗せたまま押し流され行方不明となった船舶のあったことが記されている。

　このようなすさまじい被害を受けた大阪では港湾施設や市内河川の災害復旧が優先され、高潮対策が講じられるまでには時間が要することとなった。昭和11年頃より大潮満潮時に浸水する区域が生じたため、高潮対策として防潮応急工事等が昭和15年まで実施され防潮壁が整備されたが、それ以降は戦時下のため高潮対策等の土木事業には見るべき進捗はなかった。

　昭和19年、昭和20年に生じた高潮災害が室戸台風による被害に匹敵する

ものであったことから、昭和20年度より大阪府市共同で緊急防潮堤工事が行われ、昭和22年度からは「大阪市内河川特殊災害防除施設事業（緊急防潮堤工事）」として工事が継続された。既設防潮堤の補強や計画高 O.P.^(注44)+3.5m～3.0mの防潮堤が新設され、昭和23年度に工事は完了した。この事業によって、安治川と尻無川にはさまれた港区や尻無川と木津川にはさまれた大正区は、防潮堤と水門等の施設

7-1　緊急防潮堤工事施工箇所平面図

によって囲む「堤防方式」による高潮対策が講じられた（7-1）。

　昭和24年度以降には「恒久防潮堤工事」として、O.P.+4.0m～3.5mの防潮堤等が西淀川区や此花区、西区において整備された。この事業と並行して、昭和21年には市単独で「水害対策事業」が実施され中央埠頭地区の一部をO.P.+3.5m以上に盛土することをはじめ、昭和22年には戦災復興計画の一環として「大阪港復興計画」が10ヵ年計画として策定された。この計画は安治川、尻無川やその他の運河の拡幅による内港化を図り、港の中心を市内に引き入れることで海陸連絡の利便性を向上される内容であった。また、しゅんせつ土砂によって臨港地区とその背後地をO.P.+3.5m以上に盛土する事業が高潮対策として位置づけられ、「港湾地帯整備事業（西部低地区復興事業）」として実施された。

　その後、昭和25年に大阪はジェーン台風に見舞われ、市内河川沿岸や大阪港の応急復旧工事が実施された（7-2、7-3、7-4）。こうした事態を受け、恒久的な高潮対策の確立のための抜本的な総合高潮対策が迫られ、大阪府市

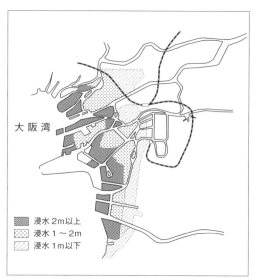

7-2 ジェーン台風による大阪市内浸水区域図

7-3 港区第二突堤（ジェーン台風直後）

の両者によって「西大阪高潮対策事業計画」(注45)が策定された。西大阪高潮対策事業は「大阪市内河川高潮防禦対策事業」、「中小河川神崎川改良事業」、「大阪港高潮対策事業」の3事業からなる。

それぞれの事業における所管や事業主体、施工分担は以下のとおりである。大阪市内河川高潮防禦対策事業においては、所管は建設省河川局、事業主体は大阪府、施工は大阪府土木部、大阪市土木局。中小河川神崎川改良事業においては、所管は建設省河川局、事業主体は大阪府、施工は大阪府土木部、大阪市土木局。大阪港高潮対策事業においては、所管は運輸省港湾局、事業主体は大阪市、施工は大阪市港湾局・土木局。所管や事業主体、施工分担が異なるため、計画立案と事業実施に際しては、大阪府市関係者による「恒久防潮対策技術委員会」が設置され、府市相互の緊密な連携が図られた。

事業主体や施工担当が複雑になった背景には、大阪府は河川管理者であり、大阪市は港湾管理者といった立場の違いに加え、戦後の「大阪港復興計画」に記された内港化の実現に向け、昭和27年に安治川、尻無川、木津川の

河口域が港湾区域に編入され、河川管理者である大阪府と港湾管理者である大阪市の双方で所管する重複区域が指定されるといった事情があった(7-5)(注46)。先に記した港湾事業と大阪市内河川特殊災害防除施設事業はそれぞれ、大阪港高潮対策事業と大阪市内河川高潮防禦対策事業に引き継がれ、港湾地帯整備事業は、西大阪高潮対策事業の関連事業として位置づけられた。西大阪高潮対策事業は昭和33度にほぼ完了し、大阪市内河川高潮防禦対策事業においてO.P.+5.0mを基準とした防潮堤等が、大阪港高潮対策事業では港区、大正区、此花区においてO.P.+5.75～5.42mの防潮堤等がそれぞれ整備された。

7-4 大正区三軒家附近（ジェーン台風直後）

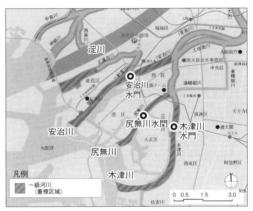

7-5 大型防潮水門の位置と河川区域・港湾区域の重複区域位置図

　しかしその後も地盤沈下による影響が著しく、昭和34年度より大阪府は市内河川を対象とし「大阪高潮対策事業」を、大阪市は港湾地帯を対象とし「大阪港高潮対策事業」をそれぞれ開始した(注47)。こうした事業実施の途上において、昭和36年に第二室戸台風による浸水被害が生じた。そのため、上記の両事業の枠内に位置づけられた「緊急3ヵ年計画」により、昭和39年度までには一応の復旧がなされた。この事業では、O.P.+5.0mを基

準とした防潮堤において、直接波浪を受ける河川下流部では最大1.5mを加算し、河川上流部では波浪の影響が少ないことから最大1.0m低減される考え方が採られた。そのため、中之島付近のO.P.+4.0mの防潮堤をO.P.+4.5mに、安治川下流部右岸のO.P.+5.0mの防潮堤をO.P.+5.5mに整備されるなど、全体としてO.P.+6.5m〜4.0mの防潮堤が整備された。

□水門方式による高潮対策

　第二室戸台風の浸水被害により、さらなる高潮対策の必要性が認識され、伊勢湾台風級による高潮への対処が目標とされた。昭和36年度までは大阪府の高潮対策は土木部港湾課が担っていた。昭和37年度、伊勢湾台風級の台風に対処できるよう高潮対策強化を促進すべく、港湾課から分かれるかたちで高潮課が発足された[注48]。その大阪府土木部高潮課では「水門による大ブロック防潮方式（本書では水門方式）」とした防潮方式と、「従来の小ブロック防潮方式（本書では堤防方式）」とした防潮方式の比較検討により、堤防方式では計画高が非常に高くなり、都市機能や都市の美観との関係から従来の高潮対策に無理のあることが認識され、大型防潮水門の整備が検討されることとなった。

　昭和25年（1950）のジェーン台風襲来後、尼崎周辺において河川沿いの防潮堤ではなく、海岸堤防と大型防潮水門による防潮対策が計画された。ただし、尼崎では地盤沈下の激しさ等が原因し、大型防潮水門整備は実施に至らなかった。尼崎における大型防潮水門の整備計画の経験をもとに、大阪で水門方式による防潮対策がすすめられたようだ。整備に関して地域住民からの不安の声が多少あったようだが地震や台風、軟弱地盤といった条件に対応する設計や施工のほうが難航したようだ。

　安治川、尻無川、木津川のそれぞれの河口付近に整備する大型防潮水門の検討に際し、安治川や尻無川、木津川における通過船舶数の多さが留意された。そのため安治川、尻無川、木津川にはオランダのレック河ですでに整備されていた大型のアーチ型ゲートを参考に水門が計画され (7-6)、正蓮寺川と六軒家川には従来から施工例の多いリフト型ローラーゲートが適

用された。水門の位置は防潮効果や沿岸荷役を考慮するとなるべく下流部が望ましいが、河口部に近づくほど水深が深くなり、川幅が増大し、航行する船舶も大きくなり、軟弱地盤への対応や工期といった課題が多くなる傾向があった。昭和41年度から45年度において安治川、尻無川、木津川各河川の中流部に大型防潮水門が、正蓮寺川と六軒家川においてはそれぞれ北港大橋、春日出橋の下流に防潮水門が整備された(注49)。整備された位置は、昭和27年に港湾区域に編入され河川区域と重複する区域であった。

各大型防潮水門より内側（上流側）には計画高O.P.+4.3mの防潮堤が(7-7)、大型防潮水門より外側（下流側）には計画高O.P.+6.6mの防潮堤が整備されている(7-8)。そのため、大型防潮水門の設置によって、水門より上流域における防潮堤

7-6 木津川水門の下流側

7-7 尻無川水門上流の護岸

7-8 木津川水門下流の防潮堤

7-9 大阪における高潮対策の概況（大型防潮水門下流の防潮堤（外郭堤防）、主な水門のみ記載）

の高さを2.3m程度低くする効果があった。昭和45年度には高潮課は都市河川課に改組され、高潮対策の強化が図られた。こうした大阪府の取組みとあわせ、昭和56年には国が毛馬排水機場を整備するなど国と大阪府との総合的な対策により高潮対策の恒久化が図られた（7-9）。

　安治川、尻無川、木津川各河川に整備された大型防潮水門の運転実績は、平成16年時点までは昭和50年8月22日～8月23日（台風6号）、昭和54年9月29日～10月1日（台風16号）、平成6年9月29日～9月30日（台風26号）、平成9年7月26日～7月27日（台風26号）、平成15年8月9日～8月10日（台風

26号)、平成16年8月30日～8月31日(台風16号)、平成16年9月7日(台風18号) 7回となっている。また、試運転は月1回(6～10月は2回)で、各水門で実施日を前後させ実施されている。

　大阪において伊勢湾台風級による高潮に対処することを目的とした大型防潮水門の整備が開始する、昭和40年代初めまでの主な高潮対策事業の経緯を概観すると、戦前は地盤沈下による浸水対策として主に護岸が整備された。戦後は復旧や復興を目的とした事業において、港区や大正区が堤防や水門等により囲われる堤防方式による高潮対策が講じられた。この状況は、東京における江東デルタ地帯が東京恒久高潮対策(外郭堤防)事業によって堤防や水門等で囲われた高潮対策に類似している。昭和20年代半ばより恒久防潮堤工事が開始されるが、昭和25年のジェーン台風による被害を契機に高潮対策の恒久化が本格化した。昭和40年代に入ると大型防潮水門の整備等による水門方式により伊勢湾台風級による高潮に対処できる高潮対策が講じられるに至った。
　ここで、大阪において水門方式が採用された経緯に触れるとともに、水門方式実現の背景について考えてみたい。大阪府土木部高潮課では「今後も堤防方式を踏襲すると高潮時には、その本流が、人口の集中度が高く、また近年高度の発展をなした大都市の中心部まで遡上を続け、民生安定上はもとより、防災的見地からも再検討を必要とします。」との見解から、先に記したように高潮対策の恒久化に際し、従来の堤防方式と新たな試みとなる水門方式の両方式の比較検討を行っている。
　都市機能や港湾機能、都市防災、概算事業費、工期、維持管理それぞれの項目において検討結果が示されている(7-10)^(注50)。都市機能においては堤防方式では堤防を一層高くするため都市美が損なわれるとし、港湾機能では水門方式のほうが舟運活用において有利であることが示され、概算事業費については堤防方式のほうが水門方式よりも費用がかさむとした検討結果であった。
　大阪府が水門方式に踏み切った直接の理由は、両方式の比較検討結果で

種　　目	従来の小ブロック防潮方式	水門による大ブロック防潮方式
都市機能	従来の堤防方式を採用する場合、約70橋に及ぶ橋梁をすべて0.8～4.0m扛上することになり、現在の都市交通事情を考えますと、いたずらに工費ばかりかかり、その結果はかえって道路形態が悪くなることが予想され、工期工費の面からその実態は非常な難点があります。	水門方式を採用しても地震による津波などのように突発的な現象に対処するためには、防潮堤をO.P.＋4.3mに保持する必要があります。橋梁についても同様洪水の疎通、船舶航行を確保するための最小高を保持するため一部の橋梁の扛上は必要とされますが、扛上高が小さいので都市機能を著しく阻害することはさけられます。
港湾機能	市内河川下流部の安治川、尻無川、木津川などでは沿岸荷役が特に活況を呈しており、現在の堤防をさらに嵩上げを行なうと荷役機能が著しく低下しますので、従来の堤防方式を採用することは困難であります。	水門方式では水門内の防潮堤については大きな嵩上を必要としないので沿岸荷役にほとんど影響を与えません。また、水門閉鎖時には水門内は比較的静穏な水域となり、小型船の避難に役立ちます。
都市防災	今後も堤防方式を踏襲すると高潮時には、その本流が、人口の集中度が高く、また近年高度の発展をなした大都市の中心部まで遡上を続け、民生安定上はもとより、防災の見地からも再検討を必要とします。	安治川、尻無川、木津川などの中下流部に本格的な防潮水門を設置することにより高潮の本流の上流都心部への遡上を防ぐことができますが、水門閉鎖時の上流河川からの流入、市街地の排水などによる内水排除を必要とします。
概算事業費	920億円	650億円
工　　期	防潮堤の嵩上げに伴い、扛上を必要とする橋梁は約70橋に及びその扛上高も大きく、都心部付近での工事となるため短期間での完成は困難であります。	水門の建設により防潮効果を著しく増進することができるが、その建設も昭和40年度を初年度とする新5ヵ年計画において完成できる予定であります。
維持管理	防潮方式により高潮から都市を護る時は通常の管理を行えばよく、水防上からはもとより堤体の維持管理面からも最適の方法であります。しかしながら、大阪の地盤沈下を考慮した時、常に嵩上工事を伴い、ある限度以上の嵩上は都市機能、港湾機能に著しい障害を与えることになります。	水門方式は高潮時に適正な操作を行って初めて防潮機能が達成されるものであります。このためには常時綿密な維持、点検試運転を行なう必要があります。

7-10　両防潮施策の比較表

あったのかもしれないが、その背景には大阪府の将来的な都市経営の方針が影響していると考えられる。昭和27年に安治川、尻無川、木津川の河口域を港湾区域に編入することで河川区域との重複区域を指定する政策は、内湾充実の推進と理解することができる。一方の東京において、高潮対策の恒久化に関する報告書を見る限り、水門方式の検討についての記述を見つけることはできなかった。沖積平野に位置する東京と大阪では、堤防方式と水門方式の比較検討における結果が大きく異なるとは考えにくく、東京においても堤防方式の不利な面と水門方式の有利な面に関する検討の必要性はあったはずである。それではなぜ、東京では水門方式の検討さえ行われなかったのか。水門方式の検討に関する文献史料に因らないため明確なことは述べられないが、河川舟運に頼らない都市政策の選択がなされ水門方式に関しては検討する必要がなかったと考えられる。交通手段が船舶から鉄道、自動車へ転換が図られ、河川改修も高水工事が主流になった時代、河川や海の水質汚濁と地盤沈下による高潮災害が発生し、水辺は都市にとってお荷物の何者でもなく遠ざけたい存在になっていた。そのため当時は、できれば河川舟運ともかかわりのない都市経営が望ましいと判断されても当然であろう。東京は河川舟運という経済活動に頼らない都市経営を選択し、見事に首都としての発展を遂げたと捉えることができる。大阪でも当時の水辺は遠ざけたい存在であったはずだが、港湾の充実を図っていた大阪における都市政策では舟運が重要な位置を占めていて、舟運活用に有利な水門方式が高潮対策に不可欠であったと理解することができる。

　水門方式による高潮対策が講じられたことにより、大阪では渡船や祭、催事空間等の水辺活用が現在まで継続して育まれている。すでに触れているが、10世紀頃から執り行われている大阪天満宮の船渡御は全国に知られる神事であり、当日の旧大川には御神霊を乗せた御鳳輦奉安船をはじめ、協賛団体や市民船などの奉拝船など多くの船が往来し、荘厳な渡御が繰り広げられる。前日の宵宮にはどんどこ船が、繁華街を流れる道頓堀川周辺を航行し華やかに天神祭開催を知らせる。また、大阪と東京の水辺活用の違いとして渡船の存在がある。東京ではかつて多くの渡船があったが、昭和

39年佃大橋の完成後の佃島渡船廃止により、隅田川から公共の渡船は姿を消した。一方大阪では、すでに触れているように現在でも市営の渡船が活躍している。安治川の天保山渡船場、尻無川の甚兵衛渡船場、木津川の木津川渡船場など8か所の渡船場に15艘の船が地域の足として利用している。この他にも大阪では、土佐堀川に面する川床「北浜テラス」が官民協働の取組みをもとに常設化し、市街地と河川とが近い関係が創出されている。

7-2　水辺の暮らしを守るまちづくり

□いろいろな水辺の暮らし

　水辺が暮らしを支え、豊かさをもたらしてくれることに国境はない。海外における水辺の暮らしにも触れることとしたい。水の都ヴェネツィアでは水辺と市街地が一体となった空間が都市の個性となり人々を魅了していることはあまりにも有名である。そうしたヴェネツィアにおいても、産業が優先され近代的な港湾区域の整備などにより、水辺の魅力が失われようとした時代があった。しかし、60年代より徐々に水辺空間の再評価がなされ、現在ではかつて荒廃した水辺空間が憩いの場として再生されている。ニューヨークにおいてもかつての港湾区域がその機能を喪失し、荒廃していた倉庫街などの空間を水辺の魅力が体感できる場として見事に再生されている。水辺空間を都市の個性として評価し、活性化に生かすことに成功している海外事例が近年多く見受けられ、そうした水辺空間の魅力を取り入れるためにも、都市における堤防のあり方は重要と考える。

　ヴェネツィアやニューヨークと東京の水辺において、理解しておく相違点は高潮対策についてである。東京では市街地から川面が眺められないほど高い防潮堤による対策が講じられている。一方、ヴェネツィアやニューヨークでは高潮対策が講じられておらず、高潮による浸水を前提とした水辺空間なのである。しかし近年、両都市においても高潮対策の必要性が議論されるようになり、防潮堤によらない、憩いの場として水辺空間を疎外しない技術による対策が構想されている。

ヴェネツィアの浸水状況は110cm以上の高潮位の発生回数が近年では10年間に40回を数え、明治30年代前半に比べ約4倍の値であり年々増加の傾向を示している。高潮対策として岸壁や護岸、舗道の嵩上げや、排水施設の補強及び可動堰の設置（モーゼ計画）がすすめ

7-11　勢田川防潮水門上流の河崎

られている。モーゼ計画はアドリア海とラグーンを結ぶリド、マラモッコ、キオッジヤの3つの水路にフラップ・ゲート式の可動堰により、高潮時にラグーンへの海水侵入を一時的にさえぎり、都市部の浸水を防ぐ対策となっている。

　またニューヨークでは、平成24年10月のハリケーンサンディにより、マンハッタン地区では変電所の浸水による停電や地下鉄などの地下空間への浸水により深刻な被害が生じたことを受け、高潮対策の必要性が認識されるようになった。

　ロンドンではテムズ川の高潮対策がすでに講じられている。昭和49年の「テムズバリア及び洪水対策条例」制定後、テムズ川に防潮水門（テムズバリア）の建設が開始され10年後に完成をみた。この水門の整備より上流域の水辺空間は再生が図られ、その後のロンドンオリンピック開催を原動力として水辺活用の推進が図られている。

　国内では、大阪のほかに伊勢の勢田川河口にも昭和55年に完成した勢田川防潮水門がある（7-11）。ロンドンや大阪の防潮水門とどうように、水門より上流域は堤防を低く抑えられ、かつての外宮の物資集散の港町として栄えた河崎において観光舟運が運航されるなど水辺活用の動きがすすんでいる。

　東日本大震災の復旧復興において、水辺の暮らしに関わる防潮堤の事業

がすすめられている。津波が海岸堤防を乗り越え、また堤防を破壊しながら市街地を飲み込んでいくようすは、当時繰り返し放映されたニュース映像により目に焼きついている。防災の町に相応しく強靭に築かれていた田老町の堤防が津波によって破壊された姿が象徴的であった。沿岸の各都市における復旧復興では、津波対策の内容が徹底的に議論され、高台移転や地盤の嵩上げ、海岸堤防の強靭化などの事業がすすめられている。海岸堤防の強靭化は市街地と海岸を物理的に分断することになるが、東京下町低地の河川における防潮堤とは意味合いが異なると考える。太平洋沿岸地域においては、高台移転や地盤の嵩上げを行わないとするならば、防潮堤を補強する以外に津波を防ぐ方法はないだろう。また、北上川の堤防計画では計画洪水、計画高潮、明治三陸地震津波のうち最も外力が高くなる津波に対応する高さが計画堤防高 T.P.＋8.4mで計画されている。旧来の計画堤防高よりも2m弱高い。堤防は低いほうが市街地と河川の関係性にとって好ましいが、北上川と隅田川とでは沿川における市街化の状況に違いがあり、北上川沿いでは堤防に隣接した市街地は見受けられない。そのため、防潮堤の高さを低く抑える意味合いは、北上川と隅田川では異なることを指摘しておきたい。

　どうようなことが隅田川と荒川（かつての荒川放水路）においていえる。荒川は放水路として建設され当初から高い堤防により市街地と分断されていた。そのため、河川敷のグランドで野球やサッカーを楽しんだとか、土手を散歩やサイクリングで利用したといった堤防文化ともいえる環境はあるものの、隅田川のように市街地と河川の一体的な空間において水辺文化が育まれたという時代はなかった。荒川において、隅田川の防潮堤の高さを低くするといったどうようの議論は都市形成史の観点からは成り立たないと考える。

□水辺の暮らしを守る
　東京下町低地では水害の危険にさらされながらも、各時代の水を制御する技術や水防などの文化によって洪水や高潮に対処してきた。そのため、市

街地が拡大し高密になるほど水害対策の範囲は広まり、また高度化することを余儀なく求められた。特に東京下町低地の急激な都市化により、拡大する市街地を水害から守るのは行政だよりという構図が住民意識に浸透し、水の制御を行政のみに押し付ける世論が生み出されたと理解している。刻一刻と地盤が沈み続ける状況や頻発する高潮災害を目の前にして、河川行政が都市形成における河川のあり方を議論する余裕なかったものの、治水にのみ偏重する河川整備は決して理想的な姿とはいえない。

　平成26年、東京都建設局河川部が事務局を務める「新たな水辺整備のあり方検討会」において、隅田川を中心とした水辺整備の基本的な考えについての議論が『隅田川等における新たな水辺整備のあり方』[注51]（以下、水辺整備の報告書）としてまとめられた。「人々が集い、にぎわいが生まれる水辺空間の創出」を基本コンセプトとし、水辺の利活用を促す取組みの連携が提案されている。地盤沈下は沈静化し、河川や海の水質改善もなされ、観光における舟運が活性化している現在、かつて日常生活から河川を遠ざけていた要因は解消されている。洪水の対処法として、地域の人々が河川を知り、河川の個性を理解することが有効であることはいうまでもないだろう。河川を知り理解を深めるには、日常生活における水辺の有効活用が無理のない方法である。そのため、水辺整備の報告書は水害対策としても重要な意味を持っている。また、この検討会において、議論を河川事業に限定せず関連する多様な事業や活用の手法等にまで広げている点も留意すべきである。都市形成における河川のあるべき姿を論じ、その姿に見合った水の制御を実施することが、時代を牽引する活力や魅力を創出すると考える。そのため、水辺整備の報告書は河川のあり方を検討した議論として貴重である。ただ、隅田川をはじめとする東京下町低地を流れる河川は、高潮対策による防潮堤が市街地と河川を物理的に分断している状況にあり、東京下町低地の将来像を考える際に、この状況を見逃すことのできない。防潮堤は水際を高潮対策のみに委ねていた時代の産物である。河川が地域の人々から阻害されていた時代においては、市街地と河川を分断する防潮堤はむしろ格好な存在であったといえる。しかし、水辺の活用を都

市の活力とし、水辺の暮らしを守るためには、沿川の市街地から川面を眺めることさえも拒む防潮堤のままで良いのだろうか。

　河川が都市の血肉であることは、先の栗原氏の論文で記されている。時代とともに役割は変化しようとも、隅田川をはじめとした河川は東京下町低地を支えてきた存在である。河川を時代に適合したかたちで積極的に活用するために、水の制御のあり方に関する根本的な議論を行うことが、水辺の暮らしを守るまちづくりに相応しい姿を創り上げていくひとつの要因であると考える。安全を確保しつつも、地域の日常生活と河川との新たな関係性を創出し得る高潮対策の検討は、東京下町低地における河川のあるべき姿の実現には不可欠ではないだろうか。それは、防潮堤の整備以来半世紀が経ち、躯体の経年劣化を配慮すべき時期にあることに加え、何より日常生活と河川との関係が求められる時代を迎えていると考えるからである。水辺の暮らしを守るまちづくりとは、水害から地域を守る安全性の高いまちづくりと、水辺の歴史や文化を育み地域の財産として継承することのできるまちづくりの2つの側面を持つと考える。水辺の暮らしは単に沿川や沿岸での生活ではなく、水辺の歴史や文化を育み継承することのできる生活環境が整わなければ成立し得ないからである。

□水害と高潮対策

　東北地方太平洋沖地震後、全国的に津波に対する対策が見直されている。大阪府では平成23年7月6日、従来想定していた津波の高さを約2倍とした際のシミュレーション結果をもとに、避難対策強化の方針を決定した。東京都でも翌年4月18日に防災会議の地震部会において想定する最大震度が6強から7へと見直されたことにともない、想定する津波高さの検討がすすめられ、同年11月14日には地域防災計画に検討結果が盛り込まれた。修正された地域防災計画震災編の「施策ごとの具体的計画」において、「都民と地域の防災力向上」や「津波対策」が記されている。都民と地域の防災力向上では、自助共助の重要性が指摘され、到達目標として「自助の備えを講じている都民の割合を100％に到達」があげられている。また、津波対

策の「対策の方向性」において以下の内容が記されている。「1　河川施設や港湾施設等における耐震・耐水対策等の推進－堤防・水門・排水機場・防潮堤等の耐震対策等については、「地震・津波に伴う水害対策に関する都の基本方針」にもとづき、将来にわたって考えられる最大級の地震動に対応し、耐震性の強化を図る。また、水門や排水機場の電気・機械設備について、万一堤防等の損傷により施設が浸水した場合でも、必要な機能が確保できるように耐水対策を講じていく。港湾施設については、耐震強化岸壁の整備目標数を増加させるとともに、整備を一層推進することにより、発災後も港湾機能を維持し、首都圏の市民生活、経済活動の安定を確保する。また、津波への対応については、「地震・津波に伴う水害対策に関する都の基本方針」にもとづき、計画の堤防高の変更はせずに、引き続き現行計画での高潮対策を進めることにより対応する。なお、今後の中央防災会議等の地震・津波の検討結果も注視し、必要に応じて対策を実施する。

2　地震・津波・高潮に対する危機管理体制の強化－高潮対策センターを2拠点化し、相互に遠隔操作を可能とするとともに、通信網の多重化により発災時の操作機能を強化し、東京都沿岸部を水害から守る。また、陸こう等については、遠隔制御システムの導入を検討する。都の水防組織においては、関係局や区市町村、水防管理団体が連携して、必要となる水防資器材の確保や体制の整備を行うことで、災害時には迅速に対応する。」

内閣府の中央防災会議「大規模水害対策に関する専門調査会」においても堤防方式の高潮対策に関連した報告がなされている。平成22年4月同専門調査会により、首都地域に甚大な被害を発生させることが想定される荒川及び利根川の洪水、氾濫並びに高潮による大規模水害を対象に、国内外において発生した大規模水害の事例分析等から、首都地域における被害状況についてのシミュレーションを行い、大規模水害発生時の被害像を想定した検討結果が報告された。シミュレーションのひとつとして、江東デルタ地帯が選定されている。荒川右岸10.0km地点の東京都墨田区墨田地先を堤防決壊箇所とされていて、浸水深5m以上の地域が多く生じ、排水施設が稼動しない場合は2週間以上の浸水継続が想定されている。ゼロメート

ル地帯といった地域特性に加え、堤防によって囲われていることの影響が加味された検討結果であり、報告書では貯留型氾濫との指摘がなされている。

□高潮対策考

　道頓堀川や土佐堀川沿いの北浜テラスなど水辺活用の先進的事例が多く紹介される大阪においては、アーチ型の大型防潮水門により防潮堤の高さが抑えられていることを忘れてはならない。仮に東京下町低地で水門方式による高潮対策を講じ、現在の防潮堤の高さを2m程度低く抑えることができれば、水辺の環境は一変するだろう。川沿いの市街地から直接川面を眺めることができるようになり、日常的に河川の雰囲気が感じられる場所が増えるからである。また、市街地と河川の一体的な空間の創出は今より容易になることが望める。

　高潮対策の経緯を振り返ると、日常的な浸水被害が回避できる程度に防潮堤が整備され、恒久的な対策を講じる段階である昭和30年代後半には、水門方式の高潮対策も選択肢として検討できたはずである。ただし、隅田川の河口部はすでに市街化され、大型防潮水門や排水施設を整備する用地を確保するには、時間的な余裕がなかったと考えられる。建設用地の確保が比較的容易な臨海部に大型防潮水門や排水施設を整備するにしても、港湾局との折衝には計り知れない時間が必要とされただろう。その点大阪では、河川区域と港湾区域との重複区域にアーチ型防潮水門は建設されているため、河川施設である水門を整備するにあたり、建設用地や整備主体、法的調整に時間を要することもなかったと考えられる。東京下町低地における大型防潮水門の整備には、計画対象の範囲を河川区域に限定せず港湾区域にも広げ、行政区分を超えた議論が必要になる。また、建設用地や整備主体、受益対象などの考え方の整理とともに、それらに関連する法律や条例等に関する調整の必要性も生じるであろう。日々地盤が沈下し日常的に浸水が生じていた当時、高潮対策は緊急性を要していたことは容易に理解できる。高潮対策の整備効果の面からは、地盤沈下が進行している土地の外

周を防潮堤と水門で輪中のように囲む堤防方式が有効かつ確実であったのかもしれない。

　いま東京下町低地の高潮対策のあり方を問う理由は、水辺空間の再生を都市の活力に生かすべき時代を迎えていると判断するからである。防潮堤整備の原因となった地盤沈下や、背景としての水質汚濁や舟運の衰退といった社会状況は一変している。水辺を遠ざけた時代から、水辺活用による都市の活性化を図る社会形成に目を向けるべきであろう。

　平成28年10月号の『土木学会誌』(注52)に「こころを動かす、土木」と題された特集が組まれている。首都高速道路の景観や出雲大社門前・神門通りの整備、インフラツーリズムなどが取り上げられ、さまざまな角度からこころとかかわる土木の側面について触れられている。特集の巻頭言に「土木という営みは、土木構造物やそれをとりまく社会制度を整備し、そして利活用することを通じて、生活の利便性や社会の頑健性を高め、社会経済の活性化をもたらすものである。しかし、それだけではない。土木構造物の整備は、人々との交流を喚起し、活動の幅を広げ、さらには、人びとがくにづくり・まちづくりに関わる機会をつくり、人や地域の潜在能力を高め、モチベーションや行動力を源泉となる。(中略)われわれの事業がいかに人のこころに影響を及ぼすか、ということを真剣に見つめてこそ、真に文明の成熟に寄与する土木、につながるのではないだろうか。それは、事業の計画や評価の際にのみ検討するということではなく、一連の事業にかかわるすべての技術者が常にこころに留め、折に触れて思惟し続けるという、土木技術者としての基礎的な素養ではないだろうか。(中略)本特集によって、土木的営為が有史以来いかに人を動かしてきたのか、という点に改めて思いを馳せるきっかけとなれば幸いである。」と、特集担当者の考えが示されている。この巻頭言を読んで、ここで示されている「こころ」は地域の歴史や文化を含んだ意味合いがあるだろうと理解できた。そして、東京の防潮堤が現状のままでよいのだろうかとの疑問が生じた理由が、水辺の歴史や文化の育成にとって、現在の防潮堤が適切ではないと感じているためだ、と改めて確認させられた。

平成14年、社団法人中部開発センターの懸賞論文「舟路整備における港町の個性化と連携」において、「歴文普請(れきもんぶしん)」という造語を提示した。都市整備における発展の方向性は画一的なものではなく、地域の歴史や文化の育成に寄与する事業もひとつの方向性であるとの考えを、歴文普請ということばに込めた。高潮対策においても水辺の歴史や文化に寄与することを意識した整備は、将来的な土木事業のひとつの方向性であると考える。

　これまで触れてきたが、河川や海とのさまざまなかかわりによって水辺の暮らしが存立していたことを理解すると、水害の危険性を鑑みても有余るほど、水辺は暮らしにおいてさまざまに活用できる可能性を秘めている事実を改めて見つめ直すべきであるとの考えに至る。高潮対策に関してはいえば、治水は水に関する制御のひとつであり、防潮堤は治水に関する防潮技術のひとつである。技術は時代に適合することが不可欠であろう。水辺活用が望まれる時代を迎えた東京下町低地において、防潮堤がこれからの都市活性化を牽引する技術として相応しいのだろうか。水辺の暮らしを守るということは、水害を防ぐことのみならず水辺とのさまざまな関係性を維持向上させることであり、特に河川との関係性は暮らしに影響を及ぼすと考える。治水という水の制御に偏重した考え方で河川を管理するのではなく、今後の都市形成において都市河川を位置づけることを真摯に検討するべき時機を迎えていると考える。高潮対策を都市形成という広い視野から捉え直し、防潮堤による高潮対策が東京下町低地における水辺活用に相応しい技術であるかを検証することは、水辺の暮らしを守るまちづくりにつながる。防潮対策のひとつの技術である堤防方式に固執することなく、時代を牽引するに相応しい技術を見極めることが重要である。現在は高潮対策において緊急性を要する事態はなく、適切な高潮対策の方式や防潮施設の建設用地選定、施設建設に関わる法的な対応などについて検討する時間は十分にある。現在の東京下町低地はこのような検討を行える恵まれた環境にあり、都政はこの優位性を生かせる選択肢を持っているのである。

7-3　次世代を牽引する水辺活用と防潮堤

　水辺活用の魅力や重要性について述べてきたが、水辺活用がなぜ東京下町低地の将来にとって必要であるかを改めて整理したい。

　水辺は江戸東京の地域形成に深く関わっている。江戸東京の地勢は、関八州への国替を命じられた徳川家康が江戸に入府した天正18（1590）年頃は、京都や大阪に比べるとまだまだ辺鄙な地であったことは否めず、当初の江戸城も豊臣政権下で五大老筆頭の家康にとっては貧弱な存在であっただろう。幕府は江戸城築城のほか内濠や外濠、道三堀、小名木川開削などの城下における普請に加え、利根川東遷や荒川西遷などの瀬替え、日本堤や墨田堤など治水、神田上水や玉川上水などの上水道といたさまざまな水の制御により、関八州の本拠にふさわしい江戸の構築に力を入れた。また、江戸市中だけではなく内川廻しのほかに利根川や荒川、新河岸川などの奥川における舟運網や、それぞれの河岸周辺で発展した味噌、醤油、酒などの醸造業をはじめとする地場産業が江戸東京発展の下支えとなった。発展する江戸東京の拡大は、本所深川をはじめとした砂浜や浅瀬を埋立てることで確保され、現在に至ってもこの埋立てにより東京都の面積は拡大している。こうした一連の動向は、江戸東京が沖積平野という東京下町低地に位置していることで成立し得た。水辺は江戸東京にとって有難い存在であり、水辺を大いに活用し発展してきた。今も河川は上水の水源であり、浄化した下水の排水先もまた河川や海である。反面、水辺は水害をもたらす存在でもあることは再三触れたとおりである。しかし現在、まちづくりにおいて水辺と暮らしとの関係性は希薄であり水辺の有難さや怖さを理解していないばかりか、水辺の存在さえも意識しない住民が多い。東京下町低地という土地柄を理解することなく、憧れや利便性といった水辺と直接関連のない尺度によって居住先を決めることが影響しているだろう。それも無理のないことで、戦後のまちづくりにおいては特に、市街地と水辺との関係性よりも治水が優先され、河川を見ることができない日常生活を送る街へと変貌している。しかも近年、水害の発生がないこともあり水辺を意

識しなくとも支障はない。市街地と水辺との関係性を取り戻すまちづくりをすすめることにより、暮らしの中で水辺活用が回天し、住民の水辺への関心は高まると考えられる。隅田川テラスや小名木川における塩の道の整備、隅田川や日本橋川を対象にした川床「かわてらす」の設置、東京ホタルや隅田川サミット、吾妻橋フェストの開催、各防災船着場の一般開放などの水辺への関心を高める取組みは、江戸東京の土地柄を理解するための入口となるにちがいない。こうした取組みに加え、土地柄について理解を深めやすいまちづくりの実践は、地域への愛着や誇りといった東京下町低地の活性化の原動力が育成されるばかりか、地域防災力の向上も望めるだろう。水辺活用の推進は観光への波及効果にとどまることなく、水辺の暮らしを守ることにつながると考える。地域住民や来街者に魅力や怖さを含めた水辺の姿を実感してもらえるまちづくりには、それなりの街の設えが必要となる。その設えとしては多種多様な対応策があるだろうが、本書のテーマである将来的な防潮堤のあり方を検討することも含まれると考える。

　近年、真夏におけるヒートアイランド現象が都心の環境に大きな影響を及ぼしている。水際に超高層ビルが乱立することにより、海からの涼風が都心部に届かないことが一因とされている。そのため、風の通り路である河川から涼風をうまく内陸部に取り入れるには、沿川の水際の形状が影響するだろう。河川の150km以上にも及び連続して整備されている防潮堤の高さが、例えば一律２m低くなったと想定すると、涼風の内陸部への取り入れを拒んでいる壁を30万㎡以上撤去することになる。その面積の障壁がヒートアイランド現象に及ぼす影響度は不明だが、障壁の撤去により何らかの改善がみられるだろう。また、市街地から川面を直接眺めることができるようになり、隅田川においてはテラスへの行き来が容易になるといった改善も望める。

　堤防の高さが２m程度低くなると、街がどのように変化するのだろうか。そうした街の変化はなかなか実感しにくいが、東京下町低地を流れる小名木川での「塩の道」整備前後の街の変化は参考になるだろう。小名木川は江戸初期に行徳塩田の塩を安定的に江戸へ廻漕するため整備されたとさ

れる水路であり、その後内川廻しの航路として重要な役割を果たした河川である。そうした歴史的な背景を踏まえて、扇橋閘門より東側の小名木川において江戸情緒を意識した改修工事が行われた。それまで市街地と河川を分断していた防潮堤を撤去し、護岸の耐震化とあわせ散策路が整備された。整備以前は小名木川の側道を歩いていても対岸はおろか河川の存在さえも分からなかった（7-12）が、現在は小名木川と両岸の市街地とで一体的な雰囲気が感じられる街へと変貌している（7-13）。この整備によって、周辺住民の水辺への意識が一挙に向上するとは考えにくいが、少なくとも小名木川の存在が感じられる暮らしが整ったことは確かである。話がそれてしまうが、この工事区域のかつての護岸は石積みであった。工事中に船で通るとかつての石積み護岸が部分的に見ることが

7-12　閉鎖的な防潮堤の側道

7-13　「塩の道」整備後に開放的となった小名木川

7-14　かつての石積み護岸と上部を撤去された防潮堤

7-15　ゲートブリッジと中央防波堤

でき、小名木川の古が感じられたが、塩の道の工事により擬石ブロックでかつての護岸が覆われてしまったことは残念である（7-14）。

　防潮堤の高さを低くすることは、現在すすめられている堤防の耐震耐水化事業の無駄を意味しない。防潮堤の高さ如何にかかわらず、耐震耐水化は高潮対策において必要な事業である。では、防潮堤の高さを低くした場合、低くした分の安全性はどのような施設で担保すればよいのか。それは、大阪で整備されている水門方式による高潮対策である。東京下町低地においては、隅田川河口に大型防潮水門や排水機場を整備することは、建設用地確保の面からも難しいため、臨海部に建設地を求める必要がある。ゲートブリッジが架けられた東京港臨海道路に並行するかたちで中央防波堤や西防波堤が整備されている（7-15）。仮に、それらの防波堤の位置に大型防潮水門と排水機場を設けるとすると、約3.3kmの水門を整備することにより、河川区域の150km以上の防潮堤及び、港湾区域の約38kmの外郭堤防において堤防の高さを低く抑えることが可能となる。市街地と水辺との関係性を取り戻すことが望めるとともに、老朽化対策費用を抑える効果も期待できる。前回の東京オリンピック開催時、防潮堤とともに首都高速道路の高架橋や下水道が整備された。コンクリート構造物の耐用年数は40〜50年程度とされ、首都高速道路の高架橋や下水道の補修工事は都内各所ですすめられていて、防潮堤においもどうように老朽化対策が求められるはずである。現在、防潮堤に関する老朽化対策は実施されていないのが、堤防の高さを低く抑えることができれば、老朽化対策費用を抑える効果が望める。

　水門方式による高潮対策を、大阪が実施しているから東京も実施すべき

といった考え方ではなく、まずは将来の東京下町低地においてどういった高潮対策が望ましいかの議論を行うべきであろう。その際、水門方式であれば水門や排水機場の位置と効果の関係を明確にし、従来の堤防方式との比較により高潮対策の方向性が見極められるのではないだろうか。「2-2」の「悲願の普請計画」で触れたが江戸期や明治期において舟運の航路や治水などの事業は、実現性が高いから事業計画を立てるのではなく、地域の将来にとって必要な事業を計画し、実現が可能な時期が巡ってきた好機を逃さず事業がすすめられてきた。高潮対策事業はその規模や重要性からも、容易に方向転換可能な事業でないことは十二分に承知している。まずは議論の必要性を本書において明確にしたかったのである。

あとがき

　本書で述べた東京の防潮堤に関する記述は、文献史料の研究から導いただけではなく、これまでの水辺と関わる経験に感化されている。ここでは本書と関係する経験をいくつか紹介したい。

　世間では防災と観光は分野が異なり、法律にはじまり、自治体の担当部局、専門家、関連企業に至るまで区別されるのが一般的である。その防災と観光の総合的な取組みにより、地域の防災力と活性化の向上を企図した事業に関わったことがある。その事業とは、平成21年度の地方の元気再生事業として採択された「東京低地の防災力向上プロジェクト　－舟運観光力を舟運防災へ転化するモデル構築－」である。日本橋船着場や東京スカイツリー足元のおしなり公園船着場、墨田区庁舎前防災船着場、吾妻橋橋詰の東京都観光汽船乗船場、水辺ラインの浅草二天門発着場などの船着場の新設や増改築の実施が相次ぐことを念頭に置き、地域活性化の起爆剤としての観光で活躍する舟運を、非常時の減災に役立てる仕組みづくりがこの事業の目的であった。そのため東京低地・内部河川活用推進協議会（以下協議会）において、防災と観光それぞれに関わる委員の招聘には随分と心を砕いたことを思い出す。協議会では国、都、自治体、専門家において相応しい方々に参加いただいたが、初回の協議会の雰囲気はぎこちなさが感じられた。委員の方々は多かれ少なかれ防災と観光の関係者が一同に集うことへの戸惑いがあったようである。この事業での主な取組みは、横十間川の天神橋防災船着場における水上カフェ開催と（1）、荒川ロックゲートを会場とした防災関連の親子参加イベント開催であった。どちらの社会実験も、防災に舟運を生かすためには防災と観光の垣根を低くする工夫が有効であるとの考え方にもとづき、実験的な試みとして実施した。

亀戸天神社の西側に流れる横十間川に防災船着場があるが、日頃から利用することのない船着場の存在を知る地元の方は少ない状況であった。その船着場に台船を停泊させてカフェを開催することで、防災施設である船着場の存在を地元の方々に認知いただきたいと

1　生演奏の楽しめる水上カフェ（天神橋防災船着場）

考えたわけである。東京スカイツリー完成後には、おしなり公園と日本橋を観光舟運が往来する中継地点となる亀戸の舟運による活性化を見据えての試みでもあり、飲食の販売はもちろん、アコーディオンとウッドベースによる生演奏や水面への映像投影などの企画も試みた。

　防災船着場は防災を目的として整備された施設のため、目的以外の使用は原則禁止が建前である。また、天神橋防災船着場のある横十間川は江東区と墨田区の区境にあたる。江東内部河川において水上カフェ開催は初めてとなるため、両区役所のほか保健所、警察署など関係各所への届出や事前調整の苦労は覚悟していたが、地元の方々に催事開催の理解を得るにもひと苦労であり、いかに水辺と地域が乖離しているかを実感させられた。花柳界であった門前仲町の大横川や柳橋の隅田川ではかつて、京都鴨川宜しく川床が夏の風物詩であり、遊山の船や料亭を相手にする物売りや新内流しの船での商売は繁盛していたそうだ。長い目でみると、船で飲食物を販売したり、楽器を演奏することは新しい試みではなく、単に地域として舟運活用のノウハウが忘れられ、水辺カフェが新たな試みとして受け取られただけなのである。

　荒川ロックゲートにおける防災関連の親子参加の社会実験も、防災と観光の垣根を低くすることを目的に開催した。荒川ロックゲートは荒川と江東内部河川との合流点に位置し、災害時には臨海部からの物資を小型船に

積み替え、江東内部河川の沿川地域へ運ぶ中継地となる防災拠点である。ロックゲート閘室の両脇には階段が設置されている。荒川ロックゲートが完成した平成17年の年末には、閘室片側の階段を舞台にし、もう一方を客席にしてクリスマスイベントが開催された。また、日時は限定されているがロックゲートへの立ち入りが開放されているため、ロックゲート上から荒川の眺望を楽しむこともできる。非常時に地域住民が防災施設を利用するには、日常的にその施設を利用し馴染みのある場所として認識されていることが重要であることから、イベント開催や施設の開放は地域防災力向上には有益であると考える。親子参加の社会実験もそうした考えにより開催した。当日は、非常時に役立つロープワークや手旗信号の講習、子供にとって興味深い災害時に活躍する重機の操作や、東京消防庁ハイパーレスキュー隊の訓練観賞、防災に関する講演などを催したが、防災拠点である荒川ロックゲートを会場としたことに意義があったと考えている。現在、NPO法人の市民防災まちづくり塾が主催する荒川河川敷避難体験キャンプが毎年開催されている。荒川ロックゲート脇の河川敷を活用した擬似避難生活が体験できるイベントである。河川敷でのキャンプは緊急時において心強い経験になることから、是非一度参加されることをお勧めしたい。また、東京臨海広域防災公園においても、防災拠点の日常的な利用を意識した取組みがなされている。東京臨海広域防災公園は大規模災害発生時には緊急災害現地対策本部が設置される基幹的広域防災拠点であるが、公園内には防災体験学習施設「そなエリア東京」があり、楽しく防災を身近に感じられることができる。また、事前に予約をすると園内の芝生においてバーベキューを楽しむことができ（2）、有料で食材の提供や必要な調理器具、テントなどの貸出しを受けることができる。防災公園でバーベキューを楽しみ、テントで休息する体験は、非常時におけるテント生活において役立つはずである。行政やNPOなどさまざまな主体により、平常時の防災施設利用がすすんでいることは望ましく、心強い。

　地方の元気再生事業の親子参加の社会実験では、ボートを漕ぐ体験イベントも実施した。災害時に役立つためとの目的であったが、参加してみる

と快晴の日にボートを漕ぐことは理屈なく爽快であり、ボートに乗りオールを漕ぐことが水辺との距離を縮める有効な手段であることを再認識させられた。江戸川区では、操船免許を必要としない小型のゴムボートを水辺のイベントなどにおいて貸出を行っている。イベ

2　防災体験学習施設「そなエリア東京」横の芝生で楽しむバーベキュー

ント主催者にとっては小さくともボートが利用できることにより、イベントの企画内容が豊富になり有難い制度である。江戸川区は一度洪水があると、区域全域が浸水してしまうことから、水害対策に対しては他の区以上に熱心である。イベントを通してゴムボートの操船経験者が増えることで、減災や復旧に役立てたいとの意図がこの制度にはある。浸水時にゴムボートの操船経験者がどれほど威力を発揮するかは未知数ではあるが、実効性のある取組みは区民の防災意識向上に有効ではないだろうか。江戸川区では区民に頼るだけではなく、区職員も積極的に船舶免許を取得する努力もされていて頭が下がる思いである。

　話が少しそれてしまうが江戸川区に関して紹介すべき話がもうひとつある。区を東西に新川が流れている。新川は先に記した江戸東京と銚子を結ぶかつての内川廻しの航路であり、米や酒、醤油、材木などを運ぶ船が頻繁に往来していた。今では新川の東西両端部に水門が整備され、荒川や中川と船で往来することはできない。その新川の遊歩道整備の修景として、手すりや橋などに木材が多く使用されている。コンクリートの擬木とは異なり、木材による修景は落着きや親しみが感じられる。その木材は荒川上流域のものが使用されていることを紹介したい。林業の経営が難しく山の管理が厳しい状況において、下流域において少しでも上流域の木材を消費することにより林業を支え、山の管理を間接的に推進しようとすることが狙いな

のである。上流域の山がきちんと管理されれば、下流域の洪水の危険性を少しでも減少できるとの視野の広い考え方が理解できる。

　地方の元気再生事業として採択された取組みは当初、２ヶ年として計画していたが、単年度で終了したため思うような成果が上げられなかったことが残念であった。この事業終了の１年後、東北地方太平洋沖地震が発生し、東京においても大混乱があったことは記憶に新しい。当時仕事場のあった千代田区神保町から自宅の江東区へ徒歩で帰る道すがら、靖国通りの大渋滞や歩道を埋め尽くす人の波を眺めていた。その時、防災船着場のようすが気になり、秋葉原駅近くの神田川にある和泉防災船着場を見に行った。船着場を利用しようとする人や船の姿はなく、船着場の管理者さえも見受けられなかった。東京では地震による実質的な被害は小さかったものの、帰宅困難者が街に溢れる状況は非常事態にほかならない。その時に機能しない防災船着場は、一体何の役に立つのだろう。この時、地方の元気再生事業で取り組んだ方向性は間違っていなかったことが実感された。阪神淡路大震災において、緊急物資の輸送や復興に際して舟運は大きな役割を果たした。東京でも大震災において舟運が活躍したことを受け、東京港の本格的な整備が開始された。また、東京下町低地を度々襲った洪水においても、人や物資を運ぶために小舟や戸板が大いに活躍したそうである。災害時に舟運が有用であることは、過去のできごとから分かっているはずである。にもかかわらず、現在の東京下町低地では防災船着場が災害時に機能していないのはなぜか。それは、高度経済成長期に舟運活用が途絶え、地域の記憶として舟運活用の方法が継承されておらず、舟運は防災に役立つという理屈だけが一人歩きしているからではないだろうか。かつて東京下町低地では鮮魚や米、酒などの主要物資の輸送や、船遊山などの遊興、船渡御などの神事、そして洪水などの災害時利用とさまざまな場面で舟運を有効に活用するだけの知恵が継承されていた。しかし現在では船の利用者も、操船者も、河川や船着場の管理者も一度途絶えた舟運活用の総合的なノウハウを実は習得できてはいない。防災や観光といった分野別に舟運活用に取り組むのではなく、立場を超えて総合的な舟運活用のノウハウを地域の知恵

として構築し蓄積することが、これからの東京下町低地の活性化において必要となるだろう。船着場利用に関しては、各自治体が管理する防災船着場は事前の登録や申込みといった手続きを前提に、一般開放されるようになってきている。隅田川においても東京都が管理する簡易船着場が整備されるなど（3）、防災と観光の垣根が低くなり舟運活用が促進される環境が整いつつあるといえる。

新潟市内を流れる信濃川を散策した時、その開放的な環境を羨ましく感じた（4）。昭和初期頃までは隅田川でも川面を愛でながらつりに興じる人々の姿があり（5）、現在はそうした光景が失われているからである。新潟は東京とどうように水害に脆弱な地域であり、大河津分水路、関屋分水路の整備により現在の都市環境が保たれている。河相[注53]や高潮、干満の差などの自

3　隅田川の簡易船着場

4　市街地との一体感が感じられる信濃川右岸（萬代橋付近）

5　夕方の浜町（昭和3年）

然条件や人口、建築物の密度に差があり、東京と新潟を比較することは適切でないが、両岸の市街地と一体になって都心部を流れる信濃川が印象的であった。新潟市などの姿を拝見すると、東京下町低地における高潮対策の適切な技術選択に関する議論の必要性を強く感じるが、結論が出るには相当な時間を要するはずである。そこで、全体ではなく部分的に防潮堤を取り除く社会実験を提案したい。東京の臨海部では防潮堤が整備できない道路部分に陸こうが設置されている。通常は人や車が往来できるよう門は開けられていて、高潮や津波などの非常時には門は閉められる施設である。その陸こうを隅田川に整備する社会実験の具体的な案は、市街地と隅田川テラスを結ぶため設置されている階段部分の防潮堤を一部撤去し、陸こうを整備するという内容である。市街地と隅田川テラスとの行き来には、現状の階段を利用すると一度防潮堤の高さまであがるため結構しんどい。防潮堤を撤去することで、場所によって異なるが、随分と行き来が楽になり、スロープ設置によるバリアフリー化も望める。この社会実験の意義は、市街地と隅田川テラスとの行き来が容易になり市街地から直接河川を眺めることのできる環境が、どの程度河川への関心の高まりに影響するかを明確にすることである。また、ヒートアイランド現象に関して、風の通り道である河川を囲んでいる防潮堤の影響の度合も判明できると考えられる。

　これまでの経験を通して、水辺の暮らしを守るまちづくりに関するいくつかの感想を持った。市街地や河川、海における明確な行政上の垣根を取り払うのではなく、垣根を低くし総合的に水辺を一体的に捉える仕組みが必要であることがひとつ。また、水害に対する地域の防災力向上には、水辺や防災施設への関心を高めることが有効であり、それには水辺を楽しく有意義に活用できる環境を整える必要があることがひとつ。そして、広い視野を持った取組みにより水辺活用に関する地域の知恵を蓄積し継承することが、水辺の暮らしを守ることにつながるとの考えに至った。

謝辞

　1987年、バブル経済といわれた時期の東京のウォーターフロントにおいて、投資目的等の乱開発が目に余る状況にありました。こうした中、法政大学陣内研究室では東京港における水辺形成の変遷に関する調査が始まりました。いまにして思えば、その調査への参加が本書の端緒でありました。

　当時の東京港は倉庫などの物流施設が建ち並び、一般の人々が海に近づける雰囲気はほとんどありませんでした。また、隅田川をはじめとした沿川にも倉庫が残存し殺伐とした風景が広がっていました。今では観光舟運が活況を呈していますが、当時は日本橋川、神田川、隅田川の周遊や、浜松町から芝浦運河、高浜運河、京浜運河、海老取川を経由し羽田沖へ行くには、その都度漁船をチャーターしていました。

　日本橋川、神田川、隅田川の周遊では、防潮堤やビル群が続く両岸は決して評価に値する河川景観とはいえない状態でしたが、渓谷を想わせる御茶ノ水周辺や船上から見る当時の市街地の印象を忘れることができません。また、浜松町から運河を経由して羽田沖に行った時の船上からの眺めにおいても、普段馴染みのない倉庫や工場に近づきがたい印象を受けましたが、市街地での日常生活では味わえない新鮮な感動があり、水辺の魅力や可能性を漠然とではありましたが強く感じたことを記憶しています。

　当時、東京で海を楽しむことができた場所は今よりも少なく、海浜公園が整備される前のお台場がそのひとつでした。公共交通が十分に整備されていないにもかかわらず、週末のお台場にはウインドサーフィンなどを楽

しむ人が大勢訪れていて、彼らもまた理屈抜きに水辺の魅力を満喫していたのだと思います。

　東京の高潮対策に関しては、2007年エコ研（私立大学学術研究高度化推進事業（学術フロンティア推進事業））において報告書『東京都・高潮対策の変遷に関する調査』を出し、その後大阪との比較研究を加えるかたちで査読論文「東京・大阪における高潮対策　―輪中方式・防潮水門方式―」を土木学会論文集（土木史）に投稿しました。

　2013年に博士論文『東京下町低地の高潮対策に関する歴史的考察』としてそれまでの研究成果を取りまとめることができた原動力は、魅了された水辺に対するまちづくりの可能性を探求したいという想いでした。

　その後、科学研究費助成事業（科学研究費補助金基盤研究（S）「水都に関する歴史と環境の視点からの比較研究」）での『水都Ⅲ』および『水都Ⅴ』において、治水や利水を含めた「水の制御」という考え方を提示することができました。都市側の視点から堤防を考察する主旨で本書を構成するにあたり、この考え方は重要な役割を果たしてくれました。

　こうした経験や一連の研究を通して、水辺の暮らしを守るまちづくりの方向性を示したいと考えたわけです。研究や出版に際しては、多くの方々にお世話になりました。

水辺に関する研究の機会を与えていただいた法政大学教授の陣内秀信先生にはことばにならないほどお世話になりました。エコ研においては、法政大学教授の高村雅彦先生をはじめスタッフの皆様からは貴重な協力をいただきました。本書は地域形成史の視点から土木の範疇にあたる堤防を対象としています。治水への理解を深めるにあたり、関東学院大学名誉教授の宮村忠先生からは河川を通したものの見方について多くを学ばせていただきました。本書の骨子となる博士論文の審査や出版に関しては、法政大学教授の宮下清栄先生にご尽力いただきました。博士論文審査では陣内先生、宮村先生、宮下先生に加え、法政大学教授の高見公雄先生からも有益なご指導をいただきました。また、水曜社の仙道弘生社長のご厚情なくして本書を上梓することはできませんでした。お世話になった方々すべて記すことはできませんが、皆様に心より感謝申し上げます。

　最後になりましたが、「2016年度　法政大学大学院博士論文出版助成」の採択を受け、本書を出版いたしました。

2017年3月　難波 匡甫

注一覧

(1) 安藤萬壽男『輪中 その形成と推移』大明堂、1988年。
(2) 栗原東洋「都市における河川のあり方とその機能」『都市問題』第53巻第8号、東京市政調査会、1962年。
(3) 捷水路：大水を安全に流すため、河川の湾曲している部分をまっすぐに開削した人工水路。河口において大水を海に流す人工水路は放水路。
(4) 宮村忠氏の『改訂水害 治水と水防の知恵』関東学院大学出版会、2010年。
(5) 帚木蓬生『水神（上下巻）』新潮社、2009年。
(6) 『淀川改良工事』内務省土木局、1913年。
(7) 水垢離：神仏に祈願する際に冷水を浴び身を清める行為。水行とも呼ばれる。
(8) 平賀源内『根南志具佐』1763年。平賀源内がペンネーム天竺浪人として執筆した談義本で、隅田川での舟遊びなどの様子が記されている。
(9) 佃や月島を舞台にしたドラマで、平成20年度上半期に放映。
(10) 『新編武蔵風土記稿』昌平坂学問所、1830年。
(11) 水戸市史編さん委員会編『水戸市史 中巻（一）』水戸市、1968年。
(12) 川名登『近世日本水運史の研究』雄山閣出版、1984年。
(13) 鈴木理生『図説江戸・東京の川と水辺の事典』柏書房、2003年。
(14) 司馬遼太郎『菜の花の沖』文芸春秋、1982年。
(15) 斎藤善之「近世における東廻り航路と銚子港町の変容」『研究報告』第103集、国立歴史民俗博物館、2003年。
(16) 利根川文化研究会『利根川荒川事典』国書刊行会、2004年。
(17) 赤松宗旦『利根川図志』岩波書店、1938年。
(18) 斎藤善之「総論 流通勢力の交代と市場構造の変容」『新しい近世史3 市場と民間社会』新人物往来社、1996年。
(19) 古川智映子『小説土佐堀川 女性実業家・広岡浅子の生涯』潮出版、1988年。
(20) BOD：生物化学的酸素要求量。水の汚染程度を表す指標のひとつで、最低限の環境基準は酸素溶解量10mg/Lとされている。
(21) 宮本輝「泥の河」『蛍川』筑摩書房、1978年。
(22) 松井かおる「5−1 水のネットワーク d.隅田川の舟運、近現代」『東京エコシティ 新たなる水の都市へ』鹿島出版会、2006年。
(23) 『地下水面低下に起因する地盤沈下に関する報告』総理府資源調査会、1954年。
(24) 『平成10年地盤沈下調査報告書』東京都土木技術研究所、1999年。
(25) 特集「地盤沈下問題と其対策研究」『都市問題』第21巻第3号、東京市政調査会、1935年。
(26) 『大阪の地盤沈下に関する研究』大阪市港湾局、1949年。
(27) 菊地山哉『沈み行く東京』上田泰文堂、1935年。
(28) 『高潮防禦施設計畫説明書』東京市役所、1934年。
(29) A.P.：Arakawa Peilの略で荒川工事基準面と言い、荒川水系のほか多摩川水系や中川水系の工事基準面として用いられている。T.P. 0m ＝ A.P. +1.1344m 。
(30) 『東京都市計畫 高潮防禦施設及河川改修計畫概要』東京府、1939年。
(31) 『高潮防禦の歩み』第1集、東京都建設局河川部、1955年。
(32) 『東京高潮対策事業概要』東京都建設局、1965年。
(33) 『東京都政五十年史 事業史Ⅱ』東京都、1994年。
(34) 『東京の低地河川事業』東京都建設局河川部、2010年。
(35) T.P.：Tokyo Peilの略で東京湾平均海面と言い、陸地の標高（海抜）の基準。
(36) 『高潮対策事業計画書』東京都建設局、1962年。

(37)『東京港高潮対策事業概要』東京都港湾局、1970年。
(38)『東京都総合治水計画』東京都議会、1949年。
(39)『東京湾に横断道を』産業計画会議、1961年。
(40)『東京湾計画に対する高潮数値計算とこれが対策』産業計画会議、1961年。
(41)『東京の東部低地帯における河川の防災対策についての答申』低地防災対策委員会、1974年。
(42)『隅田川堤防問題研究に関する調査報告書』隅田川堤防問題研究会、1981年。
(43)『東部低地帯の河川施設整備計画』東京都建設局、2012年。
(44) O.P.：Osaka Peilの略で大阪湾工事基準面と言い、大阪湾及び淀川水系の工事基準面として用いられている。T.P. 0m = O.P. +1.3000m。
(45)『西大阪高潮対策事業誌』大阪府・大阪市、1960年。
(46) 大阪府「河川区域を港湾区域に変更」昭和27年04月23日告示第82号。
(47)『大阪市内高潮対策事業概要』大阪府土木部高潮課、1967年。
(48)『高潮・都市河川のあゆみ』大阪府土木部都市河川課、1992年。
(49)『大阪の防潮施設』大阪府、1968年。
(50)『防潮水門の建設について』大阪府土木部高潮課、1968年。
(51)『隅田川等における新たな水辺整備のあり方』新たな水辺整備のあり方検討会、2014年。
(52)『土木学会誌』第101巻第10号、土木学会、2016年。
(53) 安藝皎一『河相論』岩波書店、1951年。河川の改修、未改修を問わず、ある時点の河成り、河幅、水深、河床勾配および河床砂礫の構成状態を「河相」と名付けている。

図版出典一覧
※筆者撮影の写真など出典を明示する必要のないものは記載していません。

序章
    4   「低地河川事業計画図」『東京の低地河川事業』東京都建設局河川部を参考に作成。

1．都市における水の制御　東京と大阪
   1-1　冊子『利根川』財団法人河川情報センターを参考に作成。
   1-2　「足利成氏時代の関東地方の勢力分布図」『古河公方展』古河歴史博物館を参考に作成。
   1-4　「淀川近郊関所図」『大阪府史』第4巻中世編Ⅰ、大阪府を参考に作成。
   1-5　鈴木理生「小名木川は当時の海岸線」『東京の地理がわかる事典』日本実業出版社を参考に作成。
   1-7　国立国会図書館蔵。
   1-8　国立国会図書館蔵。
   1-10　東京都立図書館蔵。
   1-11　東京都立図書館蔵。
   1-15　「図12　堀川開削の図」『大阪府史』第5巻　近世編Ⅰ、大阪府を参考に作成。

2．水辺の暮らし
   2-1　東京中央図書館蔵。
   2-2　国立国会図書館蔵。
   2-3　国立国会図書館蔵。
   2-3　都立中央図書館蔵。
   2-5　国立国会図書館蔵。

2-8 『隅田川をめぐるくらしと文化』㈶東京都歴史文化財団、2002年。
2-9 柳橋町会蔵。
2-10 『ビジュアルブック江戸東京2　浮世絵に見る江戸名所』岩波書店、1993年。
2-12 渡辺秀樹編『東京遊覧』日本文芸社、2007年。
2-13 国立国会図書館蔵。
2-14 国立国会図書館蔵。
2-17 『海苔物語』大田区、1993年。
2-19 鈴木理生「奥川廻し経路の起点」『図説　江戸・東京の川と水辺の事典』柏書房を参考に作成。
2-20 「明暦の大火と火除地」『増補版　江戸東京年表』小学館を参考に作成。
2-21 鈴木理生「都心部起立の寺院の移転経路」『江戸はこうして造られた』筑摩書房を参考に作成。
2-30 冊子『道頓堀川水辺整備事業』大阪市建設局、2006年。
2-31 「遊歩道一般区域断面図」『道頓堀川水辺整備事業』大阪市建設局を参考に作成。

3. 高潮対策の背景と萌芽
3-1 「揚水量の状況」『地下水面低下に起因する地盤沈下に関する報告』総理府資源調査会を参考に作成。
3-2 「水準点の位置」『都市問題』第21巻第3号、東京市政調査会を参考に作成。
3-3 「主要水準基標の累計変動量図」『平成10年地盤沈下調査報告書』東京都土木技術研究所を参考に作成。
3-7 「地下水揚水規制の経過一覧表」『平成10年地盤沈下調査報告書』東京都土木技術研究所を参考に作成。
3-8 「東京低地の地下水揚水の変化と地下水位の回復」守田優『地下水は語る　－見えない資源の危機』岩波新書1374、岩波書店を参考に作成。

4. 水害と高潮対策
4-1 『東京恒久高潮対策（外郭堤防）事業概要』東京都、1959年。

5. もうひとつの高潮対策計画
5-1 『東京湾に横断道を』産業計画会議、1961年。

6. 東京における高潮対策の耐震化
6-1 「親水空間の構造」『隅田川堤防問題研究に関する調査報告書』隅田川堤防問題研究会を参考に作成。

7. 高潮対策の技術
7-1 「緊急防潮堤工事施工箇所平面図」『西大阪高潮対策事業誌』大阪府・大阪市に地名等を加筆。
7-2 「ジェーン台風による大阪市内浸水区域図」『西大阪高潮対策事業誌』大阪府・大阪市を参考に作成。
7-3 前掲『西大阪高潮対策事業誌』
7-4 「西大阪地域図」冊子『西大阪地域高潮対策』大阪府土木部河川室・大阪府西大阪治水事務所に重複区域等を加筆。
7-5 「西大阪地域図」『西大阪高潮対策事業誌』に各名称等を加筆。
7-10 「両防潮施策の比較表」『防潮水門の建設について』大阪府土木部高潮課を参考に作成。

あとがき
5 『東京・昔と今　思い出の写真集』ベストセラーズ、1971年。

主な参考文献

<江戸東京関連>
『江戸東京学事典』三省堂、2003年。
『東京百年史』第一巻、東京都、1973年。
『東京百年史』第三巻、東京都、1972年。
「葛西御厨」『日本荘園大辞典』東京堂出版、1997年。
「関所」『国史大辞典』第八巻、吉川弘文館、1987年。
『新修　葛飾区史　全』東京都葛飾区役所、1951年。
谷口榮『東京下町に眠る戦国の城・葛西城』新泉社、2009年。
谷口榮「低地の景観と開発　下総国葛西荘を事例として」『水の中世　―治水・環境・支配―』高志書院、2013年。
宮村忠「隅田川の移り変わり」『隅田川の歴史』かのう書房、1989年。
大石慎三郎『江戸時代』中公新書476、中央公論社、19877年。
齋藤慎一「太田道灌と江戸城」『研究報告』第15号、東京都江戸東京博物館、2009年。
橋本直子「利根川の治水と東京低地の水害」『研究報告』第16号、東京都江戸東京博物館、2010年。
石山秀和「都市江戸における水害史研究の現状と課題」『研究報告』第16号、東京都江戸東京博物館、2010年。
出口宏幸『江戸内海猟師町と役負担』岩田書院、2011年。
石井明示『水上学校の昭和史』隅田川文庫、2004年。
半藤一利「オール持つ手に花が散る」『隅田川の歴史』かのう書房、1989年。
『理想のまちづくり半世紀の航跡　江戸川区政50年史』江戸川区、2001年。
難波匡甫『江戸東京を支えた舟運の路　内川廻しの記憶を探る』法政大学出版局、2010年。
陣内秀信・高村雅彦編『水都学Ⅲ　特集　東京首都圏水のテリトーリオ』法政大学出版局、2015年。
<大阪、関西関連>
『大阪府史』第1巻　古代編Ⅰ、大阪府、1978年。
『大阪府史』第2巻　古代編Ⅱ、大阪府、1990年。
『大阪府史』第5巻　近世編Ⅰ、大阪府、1985年。
『新修　大阪市史』第1巻、大阪市、1988年。
『新修　大阪市史』第3巻、大阪市、1989年。
『新修　大阪市史』第6巻、大阪市、1994年。
『大阪市政百年の歩み』大阪都市協会、1989年。
藤本篤、前田豊邦、馬田綾子、堀田暁生『大阪府の歴史』山川出版社、1996年。
竹林征二『湖国の「水のみち」　近江－水の散歩道』サンライズ出版、1999年。
近藤公一「『三十石船』三題　―京、大阪を結んだ淀川―」『淀川文化考（3）』近畿大学文芸学部芸術学科、1995年。
<共通>
大熊孝『洪水と治水の河川史　水害の制圧から受容へ』平凡社、1988年。
黒田勝彦編『日本の港湾政策　―歴史と背景―』成山堂書店、2014年。
北原糸子編『日本災害史』吉川弘文館、2006年。
伊藤安男『台風と高潮災害　―伊勢湾台風―』古今書院、2009年。
地盤沈下防止対策研究会編『地盤対策とその対策』白亜書房、1990年。
宇野源太『都市河川の環境科学』環境技術研究協会、1994年。
難波匡甫「東京・大阪における高潮対策　輪中方式・防潮水門方式」『土木学会論文集Ｄ２（土木史）』Vol.69 No.1、土木学会、2013年。
陣内秀信・高村雅彦編『水都学Ⅴ　特集　水都研究』法政大学出版局、2016年。

索引

あ行

浅草川 ……………………………………… 42
浅間山の大噴火 …………………………… 62
荒川放水路 ……… 37,85,86,92,95,122,141,162
荒川ロックゲート ……………… 136,174,175,176
伊勢湾台風 ……………… 95,100,110,112,114,
　　　　　　　　　　　　118,119,131,154,157
入用普請 …………………………………… 35
ヴェネツィア ……………………………… 160
内川廻し ……… 54,56,57,60,61,62,63,64,79,177
運河カフェ ………………………………… 65
運河ルネッサンス ………………………… 65
江戸城 ………………………………… 20,29
江戸幕府 …………………………………… 29
江戸前 ……………………………………… 53
扇橋閘門 …………………………………… 136
横断堤 ………………………… 127,128,130,131
大川 ……………………………………… 42,43,66,81
大阪（大坂） ………………… 18,22,35,150
大坂城 …………………………………… 32,33
大阪高潮対策事業 ………………………… 153
大阪平野 ………………………………… 17,18
大阪湾（港） …………………………… 23,39
大阪湾高潮対策事業 ……………………… 153
太田道灌 …………………………………… 20
大廻し …………………………………… 55,56,57
小名木川 …………………… 25,43,48,54,81,170,171
御船手奉行所 ……………………………… 80

か行

海岸行政 ……………………… 11,12,76,118,142
海岸法 ……………………………………… 76
海岸保全区域 ……………………………… 76
海中渡御 …………………………………… 44
懸樋 ………………………………………… 30

懸廻堤（連続堤） ……………………… 8,9,10
葛西氏 ……………………………………… 21
葛西城 …………………………………… 19,21
過書船 ……………………………………… 69
カスリーン台風 …………………………… 122
河川行政 …………………… 11,12,37,118,134,141
河川舟運 ……………………… 54,74,79,159
河川審議会 ………………………………… 134
川蒸気船 …………………………………… 61
河内潟 …………………………………… 22,23
かわてらす ……………………………… 72,73,170
河村瑞賢 …………………………………… 34
灌漑施設 …………………………………… 24
観光舟運 …………………… 8,14,65,66,71,175
神田上水 ………………………………… 30,31,169
関東管領 …………………………………… 19
関東大震災 ……………………………… 83,140
擬石ブロック ……………………………… 172
木曽三川 …………………………………… 9
北浜テラス ……………………… 70,73,160,166
キティ台風 ………………………………… 131
旧河川法 ………………………………… 13,35,38
熊谷堤 ……………………………………… 27
くらわんか船 ……………………………… 69
建築基準法 ………………………………… 134
郷蔵 ………………………………………… 10
洪水調整 …………………………………… 38
江東三角地帯 ……………………… 17,111,116
江東デルタ地帯 …………… 17,83,92,115,157,165
港湾区域 …………………………………… 76
港湾施設 …………………………………… 165
港湾政策 …………………………………… 38
港湾都市 ………………………………… 23,24
港湾法 ……………………………………… 76
港湾隣接区域 ……………………………… 76
古大阪湖時代 ……………………………… 16
五大力船 ………………………………… 60,61

さ行

産業計画会議 124,125,126,132
ジェーン台風 103,151,152,153,154,157
寺内町 32
品川 49,51
品川猟師町 50,51
地盤沈下 82,83,87,88,89,92,93,95,96,97,98,
 100,102,103,106,113,114,122,129
地盤の（累計）沈下量 85,95,103
下総台地 17,25
舟運 12,14,19,22,23,34,35,43,54,80,81,115,169,178
舟運活用 80,150
舟運需要 76,79,80,95
首都直下地震 141
捷水路 13
新海岸事業五箇年計画 144
浸水被害 96
水害訴訟 37
水質汚濁 14,76,77,78,95,106
水防 10,13,26,27,28,29,38,162
水防共同体 9
水防計画 98
水防法 38
水門方式 150,154,157,158,159,166,172,173
スーパー堤防（緩傾斜型堤防） 136,139,140
隅田川 42,72,73,79,95,134,136,137,138,139,
 146,160,162,163,164,166,170,179,180
隅田川堤防問題研究調査委員会
 （報告書） 136,142
隅田川テラス 73,74,117,170,180
隅田川等における新たな水辺整備のあり方検討
会 163
墨田堤 26,27,29
関宿 43
千住堤 27

た行

第一次高潮対策（事業） 108,118
大規模水害対策に関する専門調査会 165
第二次高潮対策（事業） 109,114,118
第二室戸台風 103,154
高潮防御施設 10,11,90
高潮防禦施設計畫説明書 107,118
高瀬船 60,61
玉川上水 31,169
ダム 38
地域形成史 3,4,81
地下水の揚水量 85
治水 13,26,28,34,163
茶船 46,61,69
沖積低地 16
佃島 49
佃島猟師町 48
堤防方式 150,151,154,157,158,159,173
東京市江東方面高潮防禦計畫 88,91
東京市政調査会 88
東京下町低地 4,5,8,10,12,16,17,24,25,26,29,42,
 66,78,79,81,106,112,122,135,141,
 142,150,166,167,168,169,173,178
東京舟運社会実験クルーズ2016 12
"東京水防計畫協議會
 （東京水防計画協議会）" 88,90,93
東京高潮対策事業 111,114,115,135
東京高潮対策事業概要 108,109,111,112
東京低地 16,17,18,20,21,24,25
東京都総合治水計画 122,124
東京の低地河川事業 108,115
東京の水問題 129
東京ホタル 67
東京湾横断道路 125
東京湾高潮対策事業概要 118,143
堂島米会所 34
道頓堀川 33,70,71,72,73,74,166
東部低地帯の河川施設整備計画 141
東北地方太平洋沖地震 164,178
十勝沖地震 134
土佐堀川 33,70,72,160,166
都市行政 12
渡船場 70
利根運河 64,79

利根川東遷 ……………………………………… 58
豊臣秀吉 ………………………………………… 32
どんどこ船 ………………………………… 73,159

な行

那珂湊 …………………………………………… 57
難波津 ………………………………………… 22,23
難波堀江 ………………………………………… 23
波除碑 …………………………………………… 28
握りずし …………………………………… 52,53,63
西廻り航路 ……………………………………… 55
ニューヨーク ……………………………… 160,161
濃尾平野 …………………………………… 9,10,18
海苔養殖 ………………………………… 50,51,52,95

は行

艀 ………………………………………………… 61
芭蕉庵（松尾芭蕉）……………………………… 30
阪敦運河 ………………………………………… 58
ヒートアイランド現象 …………………… 170,180
東廻り航路 ……………………………………… 55
微高地 ……………………………………… 19,20,21
艜船 ……………………………………… 46,60,61
深川猟師町 ……………………………………… 81
舟祭 …………………………………………… 66,74
船遊山 …………………………………………… 64
船カフェ ………………………………………… 65
古利根川水系 …………………………………… 19
（大型）防潮水門 ……………… 80,81,82,154,155,
　　　　　　　　　　　　　156,157,161,172
防潮堤 ……… 3,4,8,10,11,12,47,67,80,81,144,150,151,
　　　　　153,154,155,156,160,162,163,164,166,
　　　　　167,168,170,171,172,180

ま行

松永安左ヱ門 ……………………………… 124,126
茨田堤 …………………………………………… 23
水辺カフェ ……………………………………… 175
水辺空間 ………………………………………… 42
水辺の暮らし …………… 4,42,68,162,164,168,180
武蔵野台地 ………………………………… 17,25,29
室戸台風 …………………………………… 106,150
明暦の大火 ……………………………………… 59,60

や行

柳橋 …………………………………………… 12,46
揚水 ……………………………………………… 95
揚水規制 ………………………………………… 100
横浜港 …………………………………………… 39
淀上荷船 ………………………………………… 69
淀川改良工事 …………………………………… 36
淀川舟運 ………………………………………… 69
淀川大水害 …………………………………… 35,36
淀川堤防 ………………………………………… 34

ら行

陸こう ……………………………………… 146,147
両国の花火 ……………………………………… 46
漁師町（猟師町）………………………… 48,49,50,51
歴文普請 ………………………………………… 168
ロンドン ………………………………………… 161

わ行

輪中 ……………………………………… 8,9,10,18

難波 匡甫(なんば きょうすけ)

1963年生。場所と空間の研究所所長、芝浦工業大学非常勤講師。博士（工学、法政大学）、専門は地域形成史。中部開発センター懸賞論文最優秀賞（2002年）。論文「東京・大阪における高潮対策 －輪中方式・防潮水門方式－」『土木学会論文集D2（土木史）』土木学会。著書『江戸東京を支えた舟運の路』法政大学出版局。共著『水辺都市（朝日選書390)』朝日新聞社、『里川の可能性』新曜社他。著作「江戸を支えた内陸舟運」（『LA MER』第37巻第1号、日本海事広報協会)、「地域発展に貢献した内陸水路」（『月刊 保団連』No.1054、全国保険医団体連合会）他。

都市と堤防
── 水辺の暮らしを守るまちづくり

発行日　2017年3月19日　初版第一刷発行

著　者　難波 匡甫
発行人　仙道 弘生
発行所　株式会社 水曜社
　　　　〒160-0022 東京都新宿区新宿1-14-12
　　　　TEL 03-3351-8768　FAX 03-5362-7279
　　　　URL suiyosha.hondana.jp/
本文DTP　小田 純子
装　幀　井川 祥子
印　刷　日本ハイコム 株式会社

©NAMBA Kyosuke 2017, Printed in Japan　ISBN 978-4-88065-407-2 C0036

本書の無断複製（コピー）は、著作権法上の例外を除き、著作権侵害となります。
定価はカバーに表示してあります。落丁・乱丁本はお取り替えいたします。

地域社会の明日を描く――

防災福祉のまちづくり
公助・自助・互助・共助
川村匡由 著
2,500 円

災害資本主義と「復興災害」
人間復興と地域生活再生のために
池田清 著
2,700 円

町屋・古民家再生の経済学
なぜこの土地に多くの人々が訪ねてくるのか
山崎茂雄 編著
野村康則・安嶋是晴・浅沼美忠 共著
1,800 円

アートの力と地域イノベーション
芸術系大学と市民の創造的協働
本田洋一 編
2,500 円

地域社会の未来をひらく
遠野・京都二都をつなぐ物語
遠野みらい創りカレッジ 編著
2,500 円

トリエンナーレはなにをめざすのか
都市型芸術祭の意義と展望
吉田隆之 著
2,800 円

日本の文化施設を歩く
官民協働のまちづくり
松本茂章 著
3,200 円

パブリックアートの展開と到達点
アートの公共性・地域文化の再生・芸術文化の未来
松尾豊 著
藤嶋俊會・伊藤裕夫 附論
3,000 円

地域創生の産業システム
もの・ひと・まちづくりの技と文化
十名直喜 編著
2,500 円

創造の場から創造のまちへ
クリエイティブシティのクオリア
萩原雅也 著
2,700 円

医学を基礎とするまちづくり
Medicine-Based Town
細井裕司・後藤春彦 編著
2,700 円

文化と固有価値のまちづくり
人間復興と地域再生のために
池上惇 著
2,800 円

文化財の価値を評価する
景観・観光・まちづくり
垣内恵美子 編著
岩本博幸・氏家清和・奥山忠裕・児玉剛史 著
2,800 円

全国の書店でお買い求めください。価格はすべて税別です。